MÉMOIRE

ENVOYÉ AU CONCOURS

DE LA SOCIÉTÉ DE MÉDECINE PRATIQUE

DE-PARIS.

MÉMOIRE

ENVOYÉ AU CONCOURS

DE LA SOCIÉTÉ DE MÉDECINE PRATIQUE

DE PARIS,

POUR LA SOLUTION DES QUESTIONS SUIVANTES, ET HONORÉ D'UNE MÉDAILLE PAR CETTE SOCIÉTÉ :

Existe-t-il toujours des traces d'inflammation dans les viscères abdominaux, après les Fièvres Putride et Maligne?

Cette inflammation est-elle cause, effet ou complication de la Fièvre?

Par C.-M. Gibert,

DOCTEUR-MÉDECIN DE LA FACULTÉ DE PARIS, ANCIEN INTERNE DES HÔPITAUX DE LA MÊME VILLE MÉDECIN DU BUREAU DE CHARITÉ DU CINQUIÈME ARRONDISSEMENT.

Liberam medicinam profiteor ; nec ab antiquis sum, nec à novis ; utrosque , ubi veritatem colunt , sequor.
(Klein Præfat. lib. interp. clin.)

PARIS,

GABON , Libraire , rue de l'École de Médecine ;
DONDEY-DUPRÉ Père et Fils , Impr.-Lib. , rue Saint-Louis, Nᵒ 46, au Marais, et rue de Richelieu , Nᵒ 6.

1825.

PARIS, IMPRIMERIE DE DONDEY-DUPRÉ,

INTRODUCTION.

Est-il une fausse doctrine qui, depuis trente ans, n'ait pas été proclamée en France ? Est-il une absurdité qui ait manqué d'inventeurs, quelquefois même de crédules admirateurs ?

Des hommes se sont présentés pleins d'assurance et d'orgueil ; .... ils ont décrété qu'en eux résidait toute sagesse ; que, jusqu'à eux, tout n'avait été qu'ignorance et folie ; ils ont déshérité les siècles, proscrit l'expérience des tems, et daté de leur âge l'ère de la raison humaine.

(M. DE BROE, *Disc. sur l'Amour du Vrai.* 1823.

Un homme, doué d'un grand talent et de toutes les qualités propres à former un chef de secte, s'est élevé, dans ces dernières années, au sein de l'école de Paris, qu'il menace aujourd'hui de détruire ou de régénérer, ce qui, dans le siècle où nous vivons, est à peu près la même chose. Appuyé sur le scandale, affichant le plus orgueilleux mépris pour tout ce qu'on vénérait avant lui, affirmant que, jusqu'à lui, tout le monde avait été dans l'erreur, qu'autour de lui tout le monde se trompait, s'annonçant hautement comme le seul éclairé au milieu de ces ténèbres générales, il est bientôt parvenu à faire proclamer son nom par toutes les trompettes de la Renommée.

Une doctrine séduisante lui attira de nombreux élèves. Il n'était plus besoin de pâlir sur les écrits des auteurs anciens, de s'appliquer à l'étude des ouvrages dont les modernes avaient enrichi la science ; la médecine était prodigieusement simplifiée ; elle était réduite à sa plus simple expression : toutes les maladies tenaient à un seul principe, l'irritation ; un seul traitement suffisait pour les combattre, le traitement antiphlogistique.

Grâce à cette heureuse découverte, on ne tarda pas à voir des élèves à peine admis sur les bancs, se moquer hautement de la théorie et de la pratique des plus célèbres docteurs, dédaigner les routes pénibles d'une instruction laborieuse, et se jeter avidement sur les pas de leur nouveau maître, sans se donner le plus souvent la peine de vérifier ses doctrines, qu'ils acceptaient toutes faites avec la plus enthousiaste crédulité. En peu d'années, la France se couvrit de médecins, qui, ne connaissant plus de maladies incurables, les rapportant toutes à une seule espèce, les guérissant toutes par le même moyen, n'avaient étudié qu'une seule affection, la *gastro-entérite ;* ne connaissaient qu'un seul remède, les *sangsues.* En même tems s'élevait dans le peuple un charlatan, qui, s'appuyant sur une doctrine tout opposée, et prétendant guérir toutes les maladies par les vomitifs et les purgatifs, ne tarda pas à avoir dans le vulgaire une vogue pour le moins aussi brillante que celle du célèbre novateur parmi les médecins.

Il serait, sans doute, non seulement inconvenant, mais absurde, de chercher à établir la moindre comparaison entre deux pratiques d'une origine si différente, quoique toutes deux ne manquent ni de prôneurs illustres , ni de succès brillans ; mais il est difficile de ne pas se rappeler , à cette occasion , les paroles du bon La Fontaine :

> Chacun tourne en réalités ,
> Autant qu'il peut, ses propres songes ;
> L'homme est de glace aux vérités ,
> Il est de feu pour les mensonges.

Cependant , la nouvelle doctrine médicale ne s'est point propagée aussi rapidement sans rencontrer d'assez nombreux adversaires. Des écrits polémiques ont combattu ses principes, des compagnies savantes ont mis en discussion les bases sur lesquelles elle repose, et aujourd'hui la Société de Médecine pratique de Paris met au concours deux questions, dont la solution parfaite pourrait confirmer la vérité du nouveau système , ou entraîner sa ruine. Mais cette solution parfaite , peut-on espérer de l'obtenir ?

> On le peut, je l'essaie, un plus savant le fasse.

Existe-t-il toujours des traces d'inflammation dans les viscères abdominaux , après les fièvres putride et ataxique ?

Cette inflammation est-elle la cause, l'effet ou la complication de la fièvre ?

Je n'hésite pas un moment à résoudre par la négative la première question. La seconde, beaucoup plus difficile, plus obscure et plus compliquée, ne

peut sans doute être décidée d'une manière aussi péremptoire : cependant , j'espère l'éclaircir suffisam-
ment, dans la suite de ce travail , pour arriver à des
conclusions , sinon d'une certitude indubitable , au
moins d'une probabilité satisfaisante.

« Etsi omnis cognitio multis est obstructa difficul-
» tatibus , eaque est et in ipsis rebus obscuritas , et in
» judiciis nostris infirmitas , ut non sinè causâ et doc-
» tissimi et antiquissimi invenire se posse , quod cu-
» perent , diffisi sint ; tamen nec illi defecerunt, neque
» nos studium exquirendi defatigati relinquemus. ...
» Nescio quo modo plerique errare malunt, eamque
» sententiam , quam adamârunt, pugnacissimè defen-
» dere ; quam sine pertinaciâ , quid constantissimè di-
» catur, exquirere. »

(CICER. Academ. II, 3.)

MÉMOIRE

ENVOYÉ AU CONCOURS

DE LA SOCIÉTÉ DE MÉDECINE PRATIQUE

DE PARIS.

PREMIÈRE PARTIE.

EXISTE-T-IL TOUJOURS DES TRACES D'INFLAMMATION DANS LES VISCÈRES ABDOMINAUX (1), APRÈS LES FIÈVRES PUTRIDE ET ATAXIQUE ?

CETTE première question en renferme implicitement une autre ; savoir : Si les lésions que l'on observe dans les viscères abdominaux , après les fièvres graves ,

***

(1) Malgré l'expression positive , *viscères abdominaux* , contenue dans la question proposée , plusieurs raisons m'ont déterminé à ne m'occuper spécialement que de l'estomac et des intestins, et même que de la muqueuse qui les tapisse. D'abord, c'est sur la considération de cette membrane seule qu'a été fondée la théorie moderne qui est venue renverser les fièvres essentielles ; ensuite ce sont ses lésions qui ont été le plus étudiées, et qui sont le mieux connues.

Le foie , les reins , etc. , présentent rarement des altérations bien notables dans les fièvres. La rate, qui est plus souvent lésée, offre tant d'obscurités, dans son histoire anatomique, physiologique et pathologique , que l'on ne pourrait rien dire de satisfaisant sur ses altérations. La vessie, dont la membrane interne offre quelquefois des altérations assez graves dans les fièvres , n'y joue certainement qu'un rôle fort secondaire , et d'ailleurs les raisonnemens que l'on pourrait faire à son sont toujours des traces d'inflammation. Je ne puis me flatter d'éclaircir un point de doctrine aussi délicat, et sur lequel les opinions sont si fortement partagées, de manière à dissiper tous les doutes, à lever toutes les difficultés ; mais enfin je le discuterai autant que mes forces me le permettront , et je m'efforcerai de répandre quelque lumière sur les obscurités qu'il présente. Je m'attacherai d'abord à prouver qu'il est des cas où l'on ne trouve, à la suite des fièvres graves, aucune lésion dans les viscères abdominaux , et qu'il s'en rencontre même dans lesquels aucun organe n'est sensiblement altéré. Je chercherai donc à établir , d'une manière solide , les trois propositions suivantes, qui diviseront naturellement en trois chapitres la première partie de ce Mémoire :

1° On trouve quelquefois tous les viscères sains chez les sujets qui ont succombé à des fièvres graves ; 2° chez ceux dont les organes sont altérés, ce n'est pas toujours dans les viscères abdominaux que se trouve la maladie , ou du moins que se rencontre l'altération la plus grande ; 3° on ne peut pas regarder comme des traces d'inflammation , toutes les altérations qu'offrent ces viscères en pareil cas. Si je parviens à établir ces trois propositions fondamentales , la première question qui m'est proposée sera complétement résolue.

---

sujet, rentrent parfaitement dans ceux auxquels la muqueuse digestive donne lieu. Quoi qu'il en soit , j'ai eu soin de tenir compte des lésions qu'ont pu présenter ces divers organes , dans les faits que j'ai rapportés.

§ Ier.

ON TROUVE QUELQUEFOIS TOUS LES VISCÈRES SAINS, CHEZ LES SUJETS
QUI ONT SUCCOMBÉ A DES FIÈVRES GRAVES.

Cette proposition que j'ai vue, au commencement de mes études médicales, être une vérité vulgaire, pourrait aujourd'hui paraître une assertion téméraire, et ne manquerait pas d'appeler l'anathème sur celui qui oserait l'énoncer en présence des novateurs de nos jours. Aucun d'eux ne pourrait maintenant, lire, sans dégoût, ce passage d'une lettre que l'illustre Morgagni adressait à Sénac :

« Nimirùm sicuti olim medicus Ballonius vester
» scitè adnotavit, post terrifica, gravissimaque ab
» affecto cerebro symptomata, *magno medicorum*
» *dedecore, sœpe capita hominum morbo capitis con-*
» *sumptorum aperta esse, in quibus nihil commemo-*
» *rabile repertum est quod mortem intentasset ; quum*
» *alioquin medicus aut abscessum, aut simile quid*
» *repertum iri pronunciasset ;* sic tu quoque libro 4,
» capite 3, in malignis febribus et pestilentibus,
» verissime admones veneni illius subtilissimi, à quo
» præcipites mortes sunt ; in nonnullis quidem ca-
» sibus visibilem effectum in visceribus occurrere, at
» sæpiùs nullum quod sub sensus cadat ejus vesti-
» gium apparere. » (T. IV, p. 6. Ed. Ch. et Ad.)

Ces intrépides sectaires renverraient le laborieux Bayle apprendre l'art des autopsies à l'école de M. Broussais., s'il osait leur présenter aujourd'hui l'observation d'une fièvre intermittente adynamique, à laquelle succomba le sujet, sans qu'on pût trouver de lésion notable dans les viscères, à l'ouverture du corps. (*Nos. philos.*, t. I, p. 168.)

Ils ne daigneraient même pas jeter les yeux sur une observation de fièvre rémittente adynamique donnée par M. Pinel, et qu'il ose terminer par cette phrase laconique : « L'autopsie cadavérique n'a rien présenté de remarquable. » (*Méd. Clin.*, p. 88.)

Les autorités les plus imposantes, soit parmi les auteurs anciens, soit parmi les modernes, n'ont sur leur esprit aucune espèce d'influence. L'opinion des plus célèbres professeurs de notre école ne leur paraît mériter aucun égard.

Mais pensent-ils donc que M. Broussais seul a su mettre dans l'examen des cadavres tout le soin, toute l'exactitude, toute la science, toute l'impartialité nécessaires ? Quoi ! ce grand Morgagni, par exemple, qui a accumulé, dans un volumineux ouvrage, une masse considérable d'observations accompagnées d'autopsies, lesquelles se faisaient toujours devant un grand nombre de spectateurs, et où les détails les plus minutieux ne sont point négligés, n'est pas un auteur digne de foi ! Quoi ! on ose soutenir qu'avant M. Broussais, les médecins ne connaissaient point les altérations de la muqueuse gastro-intestinale, et ne les recherchaient même point à l'ouverture des corps ; tandis que, dans le siècle précédent même, on voit toutes leurs nuances observées et décrites avec le plus grand soin, dans l'histoire des épidémies de Goëttingue (Rœder. et Wagler, 1743) et de Naples (Sarcone 1764) !

(13)

Comment ! on ne doit tenir aucun compte des observations des auteurs modernes, qui, bien qu'avertis
par les recherches de M. Broussais de la fréquence des
affections gastro - intestinales, affirment cependant
avoir ouvert plusieurs sujets morts de fièvres graves,
sans y avoir rencontré d'altérations viscérales (1) !
Quel arrogant scepticisme ! Quelle insolente incré-
dulité !

Attaché pendant sept ans au service des hôpitaux
de Paris, ayant eu occasion, surtout pendant les
deux dernières années de mon internat, que j'ai pas-
sées à l'Hôtel-Dieu, de faire, moi-même, un assez
grand nombre d'ouvertures de corps, je puis assurer
que dans plusieurs, je n'ai pu découvrir aucune lésion viscérale évidente.

Je sais qu'une juste défiance met les esprits en garde
contre cette foule d'observations, qui depuis quelques années nous inondent de toutes parts; je conçois
que sans un grand nom, que sans une certaine célé-
brité, les faits que l'on rapporte font peu d'impres-
sion sur les autres ; cependant comme ils n'en de-
meurent pas moins la seule base sur laquelle puisse
s'appuyer un raisonnement solide, je vais en rapporter
quelques-uns, que j'abrégerai le plus possible.

---

(1) Voyez le *Recueil des Thèses de l'École de Méd. de Paris*,
années 1817, 1819, 1820, 1822, etc. ; le *Nouveau Journal de Méd.*,
décembre 1818, etc. ; les *Recherches sur la nature des Fièvres, du
docteur Gendrin*, 1823, et plusieurs autres écrits polémiques publiés
dans ces derniers tems sur les fièvres, sur la doctrine de M. Broussais, etc.

« Mihi verò statutum est aliquot observationes...
» hìc describere , in quarum plerisque illud potiùs
» miraberis , quòd post graves , aut citiùs opinione
» interimentes febres , vix quidquam , interdum ne
» vix quidem compertum sit quod earum gravitati ,
» aut impetui responderet, usque adeò id sæpe latet
» per quod febres interficiunt ! » (Morgagni , épî-
tre XLIX.)

J'en emprunterai d'abord deux à la dissertation
inaugurale (1820 , n° 195) de mon ami J. N. Pel-
lieux-Chaussée , médecin à Beaugency , ancien élève
de l'Hôtel-Dieu de Paris , dont l'exactitude , le talent
et l'impartialité me sont connus.

1. *Note sur une fièvre ataxique, recueillie à l'Hôtel-*
Dieu, en 1816. Clin. de M. Petit.

Elle a pour sujet un jeune homme de vingt-deux
ans ; voici les principaux symptômes de sa maladie :
sorte de paralysie des bras, les deux premiers jours ;
le septième, perte entière de connaissance, suffocation
imminente, accès nerveux comme épileptiques, pu-
pilles alternativement dilatées et resserrées ; du huitième au onzième , apparence d'une amélioration
trompeuse ; délire furieux les douzième et treizième
jours ; assoupissement profond le quatorzième et le
quinzième ; le seizième , affaiblissement du pouls ,
commencement de priapisme et éjaculation d'un liquide séreux et sanguinolent ; le dix-septième , extrémités froides , pouls insensible , mort dans la nuit.

(15)

L'ouverture du cadavre, faite avec un très-grand soin, n'offre aucune trace de maladie.

2. *Note sur une fièvre adynamique observée la même année à la clin. de M. Récamier.*

Le premier jour, le malade éprouve des vertiges à son lever, un sentiment de courbature, de la céphalalgie à gauche ; les symptômes vont en augmentant les jours suivans. Le neuvième, il est couché à la renverse, les traits sont affaissés, le pouls est petit, fréquent et mou. Au dixième jour, la langue se sèche et devient rugueuse ; il y a de la constipation. Le douzième, les réponses sont lentes, le caractère chagrin. Le soir du treizième jour, déjections assez abondantes ; un peu de délire la nuit. Le pouls est très-fréquent et inégal le quatorzième ; le lendemain il survient des soubresauts des tendons, de l'assoupissement, des rêvasseries. Le dix-huitième, stupeur. Le dix-neuvième, les lèvres et les dents sont fuligineuses ; constipation. L'épigastre est douloureux à la pression, le vingt-troisième. Le vingt-quatrième, pâleur extrême, pouls misérable. Du vingt-septième au trentième jour, mieux trompeur. Le trente-septième, la région sacrée devient le siége d'un abcès, et les jours suivans, d'escharres qui ne tardent pas à former, par leur chute, des ulcères affreux ; bientôt fièvre hectique, dépérissement rapide, et mort le quarante-troisième jour.

L'ouverture du cadavre, faite avec autant de soin que celle du malade précédent, ne présente de lésion

dans aucun organe (1). Plutôt , ajoute l'auteur de la Dissertation , que de dire que ces deux maladies et un grand nombre d'autres analogues , que je pourrais citer, ont eu un siége local , mais que ce siége n'est pas fixé, j'aime mieux croire qu'elles étaient essentielles , générales , qu'elles occupaient l'universalité des organes , parce que rien ne prouve en fait qu'il en était autrement; et, d'un autre côté, trop de tems s'est écoulé entre leur invasion et la mort, pour pouvoir admettre que cette terminaison a été le résultat de la suspension des fonctions d'un organe dans lequel la maladie , à cause de sa rapidité , n'aurait laissé aucune trace. Serait-il bien raisonnable, d'ailleurs , de baser le diagnostic et le traitement des maladies sur les signes qu'on trouve à l'examen des corps , quand leur caractère et leur marche pendant la vie n'ont pas permis de distinguer si leur source était dans un organe uniquement et primitivement affecté ? « La méthode qui consiste à calquer le trai-
» tement sur certaines apparences qu'offrent les or-

---

(1) Des notes aussi concises et aussi abrégées scandaliseront , sans doute , les esprits superficiels , qui ne veulent accorder quelque prix qu'aux observations détaillées , dans lesquelles les particularités les plus minutieuses ne sont point omises. Mais, s'il est important pour le médecin observateur de ne négliger aucune circonstance dans l'examen journalier qu'il fait de son malade , il est, je crois , bien inutile de fatiguer l'esprit de son lecteur par la narration fastidieuse de détails interminables , où les points principaux sont noyés dans la foule des circonstances accessoires. Pour moi, je suis sans cesse tenté d'appliquer, à ces écrivains prolixes , le mot si connu d'une femme célèbre : « Vous n'avez donc pas eu le tems d'être courts ? »

» ganes après la mort, dit Cabanis, a toujours été la
» source de beaucoup de fautes et de malheurs. »

A ces deux observations, que je cite avec confiance,
parce que je sais quel zèle animait leur auteur dans
la recherche des cas de cette nature, j'en joindrai
quelques-unes qui me sont propres.

3. *Note sur une fièvre grave.*

Pierre Barot, âgé de dix-huit ans, garçon maçon,
entré à l'Hôtel-Dieu le 29 août 1821.

Ce jeune homme était malade depuis huit jours, et
présentait les symptômes suivans : *decubitus supinus,*
somnolence, stupeur, agitation et délire la nuit, langue
et dents sèches et brunes, ventre douloureux à la pression, et développé par l'effet de la distension de la
vessie, que l'on évacue au moyen du cathétérisme ;
dévoiement, respiration fréquente, un peu de toux,
expuition difficile ; pouls petit, fréquent et mou ;
peau brûlante. Bientôt, prostration de plus en plus
prononcée, glissement continuel du corps vers le pied
du lit. Mort le 9 septembre, après onze jours de
séjour à l'hôpital, et vingt environ de maladie.

Le traitement consista dans quelques applications
de sangsues à l'épigastre et derrière les oreilles, et
dans l'usage de boissons adoucissantes ; plus tard, on
appliqua des vésicatoires aux jambes, et l'on donna,
à l'intérieur, la limonade végétale ; les deux derniers
jours, des boissons toniques furent prescrites.

A l'ouverture du corps, on ne put découvrir aucune
lésion remarquable, ni dans la tête, ni dans la poitrine, ni dans le ventre.

4. *Note sur une fièvre intermittente, devenue continue et mortelle.*

David, ex-marin, âgé de trente-six ans, entré à l'Hôtel-Dieu le 1er juillet 1821.

Cet homme était depuis long-tems sujet à une fièvre intermittente, tierce, que l'on avait, à plusieurs reprises, combattue avec le quinquina. Lors de l'entrée, accès légers et presque uniquement bornés à la période de frisson. Constitution affaiblie; mais point de phénomènes morbides durant l'apyrexie. Au bout de quelques jours, les accès devinrent plus forts, et revêtirent le type double-tierce. Bientôt la fièvre, contre laquelle on avait toujours différé d'employer des moyens actifs, devint continue, s'accompagna de dévoiement et d'œdème des membres inférieurs; la langue se sécha et devint brune; une escharre gangréneuse se forma au siége; les forces s'épuisèrent, et le malade succomba le 1er août, après un mois de séjour. Ce ne fut que lorsque le type de la fièvre fut devenu continu, et que les symptômes adynamiques se montrèrent, que le médecin, effrayé des progrès du mal, eut recours, mais trop tard, au sulfate de quinine. A l'autopsie, que je fis avec un vif intérêt, je trouvai des injections vasculaires assez prononcées dans la muqueuse de l'estomac; tout le reste du canal digestif blanc et sain; quelques ganglions mésentériques très-faiblement tuméfiés; la rate assez volumineuse, molle, d'un gris ardoisé à l'extérieur, noirâtre à l'intérieur; la vessie remplie d'urine.

5. *Fièvre nerveuse-cérébrale.* (*Note recueillie à la clinique de l'Hôtel-Dieu.* 1818.)

Un jeune homme de dix-sept ans fut apporté sans connaissance à l'Hôtel-Dieu, le 22 mai 1818, par des gens qui ne purent donner sur son compte que très-peu de renseignemens. Ce jeune garçon, naturellement très-emporté, s'était livré, huit jours auparavant, à une débauche de table, qu'avaient suivie ce jour et les suivans, des accès répétés d'une colère furieuse. Ayant ensuite éprouvé du mal-aise, il était tombé, le matin même, dans un état de perte de connaissance, avec écume sanguinolente à la bouche, mouvemens convulsifs, etc. Soumis à notre observation, il paraissait plongé dans une sorte d'assoupissement, de stupeur, quand on le laissait en repos; mais, lorsqu'on voulait le toucher, l'examiner, il se plaignait, s'agitait, exécutait des mouvemens désordonnés; ses yeux s'ouvraient largement et restaient fixes, sans que la vue parût s'exercer; l'ouie paraissait aussi oblitérée; il ne proférait aucune parole; la face n'était point colorée, les traits ne s'agitaient un peu que lorsqu'on excitait le malade; la respiration était libre, le pouls fort, dur et fréquent. Le soir, saignée du pied, sinapismes aux mollets. Au commencement de la nuit, agitation violente, cris; le malade demande du vin, de l'eau-de-vie; il répond à quelques questions qui lui sont adressées, se plaint d'un grand mal-aise; bientôt il est pris de convulsions dans lesquelles la face rougit, et même devient violacée, et il expire vers le milieu de la nuit.

A l'ouverture du corps, on ne trouva nulle trace de maladie dans les viscères de la poitrine, ni dans ceux de l'abdomen ; la tête, examinée avec soin, n'offrit qu'une réplétion assez notable des vaisseaux du cerveau et des sinus de la dure-mère.

6. *Métastase rhumatismale. — Fièvre ataxique.*

Louise Dautil, âgée de trente-huit ans, entrée à l'hôpital Saint-Louis le 16 février 1819.

Cette femme, affectée de chagrins de diverse nature, enceinte, et à peu près arrivée au terme de sa grossesse, avait subi l'application de vésicatoires aux membres abdominaux, pour combattre une affection rhumatismale siégant dans ces parties, laquelle paraissait, depuis, s'être portée sur l'abdomen. Des douleurs abdominales, assez vives parfois, une sensibilité très-marquée du ventre au toucher, quelques vomissemens, en étaient le résultat. Du reste, la face était pâle, la langue humide, le pouls petit et assez fréquent, la peau légèrement chaude. L'accouchement eut lieu au bout de peu de jours. Les lochies s'arrêtèrent promptement, les vomissemens devinrent plus fréquens et la sensibilité du ventre plus vive ; du dévoiement survint, le délire se montra, le pouls s'affaiblit, les forces s'épuisèrent, et cette femme, qui, depuis quelques jours, ne prenait plus même de substance liquide, succomba le quinzième jour après l'accouchement.

Les seules lésions que l'on put découvrir à l'examen du cadavre, furent les suivantes : léger épanchement

de sérosité dans les ventricules cérébraux , engorgement léger dans le lobe inférieur du poumon droit,
un peu de rougeur dans la muqueuse de la vessie.

7. *Fièvre grave.*

Joséphine Théroute , âgée de trente ans , entrée à
l'Hôtel-Dieu le 13 mars 1821.

Cette jeune femme , habituellement peu réglée ,
et éprouvant , à chaque époque menstruelle , des
symptômes de congestion cérébrale, ayant été récemment affligée par des chagrins et des contrariétés assez
vives , avait commencé à se sentir incommodée, lors
de la dernière époque des règles , survenue quinze
jours avant son entrée à l'hôpital. Les règles ayant
peu coulé, de la céphalalgie , des douleurs gravatives
lombaires , des lassitudes dans les membres, des
douleurs dans les jambes se firent sentir. Un émétique
fut administré, et provoqua des évacuations qui furent
suivies de fatigue et d'abattement. Au bout de huit
jours les symptômes devinrent plus graves , la fièvre
s'alluma, la malade s'alita et cessa de prendre des
alimens ; elle fit seulement usage, pour soutenir ses
forces , d'un peu de vin sucré.

Le jour de son entrée , quinzième de la maladie,
elle n'avait pu uriner depuis la veille, et se plaignait
beaucoup de la gêne que lui causait cette rétention.
On la sonda, et on retira de la vessie environ une
pinte d'urine. La nuit suivante, insomnie. Second jour
de l'entrée, seizième jour, la malade, interrogée avec
soin, raconta les choses indiquées au commémoratif
qui précède ; elle était dans l'état suivant :

Decubitus supinus, abattement général, face colorée et stupescente, céphalalgie, vue obscure, ouïe dure, tristesse et accablement moral, intellect un peu obtus; langue rouge et peu humide, ventre douloureux à une forte pression, point d'urine depuis la veille, point de selle depuis huit jours; lassitude et brisement des membres, pouls petit et très-fréquent. (Cathétérisme, fomentat. sur le ventre, lavem., eau de pruneaux et limonade légère pour boisson, calomel gr. xij en six doses). Le soir paroxysme; on sonde de nouveau la malade.

3ᵉ-17ᵉ jour, à peu près même état; de plus, oppression et un peu de toux; la malade peut uriner seule; elle demande avec instance qu'on la saigne (20 sangsues à l'anus, et 10 derrière les oreilles, point de calomel). Le soir, paroxysme; la malade se dit soulagée, mais il n'y a pas d'amélioration apparente; on est obligé de la sonder. La nuit, agitation et rêvasserie continuelle.

4ᵉ-18ᵉ jour, abattement plus grand, somnolence avec rêvasseries; langue sèche, toux fatigante avec un léger embarras bronchique, pouls très-fréquent et mou, peau chaude, éruption de petites taches rougeâtres sur la peau; la malade demande toujours vivement qu'on la saigne (saignée 1 pal. et 1/2, 2 vésicat. aux jamb., limonade nitrique 1 pot; déc. de quinquina gommée 1 pot; julep béchique avec sp. d'ipéca. ʒj). Le sang de la saignée contient une grande proportion de sérosité; le caillot est mou et pâle.

6ᵉ-20ᵉ, abattement, stupeur, obtusion des sens et de l'intellect plus marqués; pouls faible, mou, très-

fréquent ; langue sèche et un peu brune, dents légèrement fuligineuses à leur base (petit-lait coupé avec
une décoct. de pruneaux, julep béchique simple,
8 sangs. à l'épigastre). Dans la journée, évacuations
alvines abondantes. Le soir, mort brusque et ino-
pinée.

Autopsie. — Tête. Vaisseaux de la pie-mère assez
remplis ; cerveau lui-même assez injecté ; un peu de
sérosité dans les ventricules. — Poitrine. Mucosités
écumeuses dans les bronches ; muqueuse bronchique
un peu rouge.—Ventre. Muqueuse de l'estomac rosée ;
muqueuse intestinale blanche, à peine infectée dans
quelques points ; matières fécales moulées dans le gros
intestin, trois ou quatre ganglions mésentériques,
légèrement tuméfiés. Foie pâle, rate molle. Utérus
couvert à sa face interne d'un léger enduit sanguinolent noirâtre (la dernière époque menstruelle avait
été incomplète et la suivante était proche).

Je pourrais, sans doute, à ces observations que
j'ai rapportées en abrégé (à l'exception de la dernière,
dans laquelle peu de détails ont été omis), en ajouter
plusieurs autres tout aussi probantes ; mais je crois
devoir me borner à celles-ci. Si, parmi elles, on en
voit quelques-unes dans lesquelles se remarquent,
à l'autopsie, quelques légères traces de lésion dans
les viscères, je les ai citées à dessein, pour prouver
que, dans mes recherches cadavériques, je n'ai pas
négligé l'examen des plus petites circonstances. Je ne
pense pas d'ailleurs que personne puisse voir dans ces
lésions la cause de la maladie et de la mort. Si les

faits analogues ne sont pas les plus communs , il me semble qu'il n'y a point lieu de s'en étonner, en réfléchissant combien , dans l'état grave qui constitue les fièvres de mauvais caractère, il paraît difficile que , pour peu que la maladie ait de durée, quelque viscère ne devienne pas plus malade que les autres, et ne s'altère pas assez pour qu'on retrouve, à l'ouverture du corps, quelque trace de sa lésion, sans que pour cela cette lésion , lorsqu'elle existe, puisse être regardée comme primitive , et encore moins comme source unique de symptômes observés durant la vie.

§ II.

LORSQU'IL EXISTE QUELQUE LÉSION MATÉRIELLE , CHEZ LES SUJETS QUI ONT SUCCOMBÉ A DES FIÈVRES GRAVES , CE N'EST PAS TOUJOURS DANS LES VISCÈRES ABDOMINAUX QUE SE TROUVENT LES TRACES DE MALADIE, OU QUE SE REMARQUE L'ALTÉRATION LA PLUS GRANDE.

Si, comme on l'a affirmé de nos jours (*voy*. Exam. des doctr. médic. 1re et 2me édit.), les symptômes putrides et malins étaient toujours dus à l'inflammation de la muqueuse gastro-intestinale, on devrait trouver des traces de lésion dans cette membrane, dans tous les cas où ces symptômes se sont développés et ont eu une certaine durée. Or, on les voit fréquemment se manifester à la fin de diverses maladies aiguës, soit qu'ils compliquent essentiellement, pour ainsi dire, ces maladies, soit qu'ils soient déterminés symptomatiquement par elles, sans que l'estomac ni les intestins présentent à l'ouverture du corps aucune altération remarquable. On voit aussi assez souvent, dans les fièvres graves primitives, certains organes lésés, les viscères abdominaux restant sains, ou n'offrant que de légères altérations, tandis qu'il est clair que, si le siége de la maladie résidait dans ces viscères, ils devraient en offrir les principales traces.

C'est encore par des faits que nous allons appuyer la proposition placée à la tête de ce chapitre.

8. *Fièvre nerveuse cérébrale.*

Pierre Barre, âgé de cinquante-cinq ans, entré à l'Hôtel-Dieu le 28 octobre 1821.

Cet homme, que l'on disait malade depuis quelques jours, était dans l'état suivant : yeux chassieux et le plus souvent fermés ; mouvemens légers des lèvres, comme pour murmurer quelques mots ; point de réponse aux questions ; langue humide ; parfois, agitation et mouvemens désordonnés des membres supérieurs, qui nécessitèrent l'application de la camisole de force ; pouls légèrement fréquent, etc. Le malade succomba le 5 novembre, huitième jour de son entrée.

AUTOPSIE.—Tête. Léger épanchement séreux sous la pie-mère et dans les anfractuosités du cerveau ; légère infiltration séreuse de cette membrane, dont les vaisseaux sont assez injectés ; tissu cérébral assez mou. — Poitrine. Rien de notable. — Ventre. Muqueuse de l'estomac faiblement rosée ; quelques points injectés et légèrement rougis dans celle de l'intestin grêle. Muqueuse vésicale sablée de points rouges.

On voit, dans ce cas, que les lésions principales

étaient dans la tête. Suffisent-elles pour expliquer la maladie et la mort? Je ne le pense pas. Combien de fois, en effet, n'en trouve-t-on pas d'analogues chez des sujets qui ont succombé en proie à des accidens tout différens, ou même qui n'ont montré aucun symptôme cérébral dans leur maladie (1)?

____

(1) On s'occupe beaucoup en ce moment des altérations du cerveau et de ses membranes. Un jeune auteur y rattache à peu près toutes les maladies (voyez l'article *Encéphale* du *Nouveau Dictionnaire de Médecine*) ; un jeune professeur en fait l'objet de ses recherches spéciales, et a entrepris sur ces affections un ouvrage auquel, à l'imitation de l'inimitable Morgagni, il a donné la forme épistolaire. Mais le zèle humain est tellement sujet à s'égarer et à s'aveugler, que l'on peut , avec quelque raison, se défier de ces recherches et de ces opinions exclusives. Je me souviens d'avoir vu, il y a peu de tems, ce professeur, alors élève de l'Hôtel-Dieu de Paris , proclamer , dans des autopsies publiques, des lésions des membranes encéphaliques , que lui seul avait la faculté d'apercevoir. Personne n'ignore sur quels légers indices certains médecins croient pouvoir avancer que telle portion du cerveau , qui paraît saine aux yeux moins clairvoyans, est ramollie , endurcie , altérée d'une manière quelconque.

Jusqu'ici je regarde comme certain que les altérations de l'encéphale ne sont pas très-communes , et qu'un peu d'épanchement séreux , une légère injection , etc., ne suffisent pas pour caractériser l'existence d'un arachnitis , et surtout pour le faire regarder comme la cause des symptômes qui ont existé , plutôt que comme l'effet de la maladie générale. Autant vaudrait affirmer que l'œdème des jambes, les épanchemens séreux, thoraciques, abdominaux, qui surviennent accidentellement à la fin de certaines maladies, doivent faire rechercher le siége de ces maladies et la cause des symptômes qu'elles ont présentés , dans les parties où se rencontrent ces lésions consécutives.

En général, l'esprit de matérialisme a tellement infecté les classes savantes, dans ces derniers tems , qu'on en est venu à ne plus vouloir rien admettre que ce qui tombe sous les sens , même dans l'étude de l'homme , où tant de choses sont hors de leur portée.

9. *Fièvre scarlatine grave.*

Joseph Pelegri , âgé de vingt-un ans , entré à l'Hôtel-Dieu le 27 avril 1822.

Constitution lymphatico-sanguine. Malade depuis quelques jours. *Decubitus supinus ;* peau chaude , couverte de petites taches rosées peu saillantes ; pouls très-fréquent, peu résistant ; face pâle , léger délire , douleur à la gorge ; isthme du gosier vivement rougi , amygdale droite tuméfiée et couverte d'une fausse membrane jaunâtre ; langue sèche et rouge , ventre gazeux et sensible à la pression ; dévoiement. On applique des sangsues au cou et des sinapismes aux pieds. Durant toute la nuit, délire ; le lendemain, le malade se disait bien soulagé, mais la face était plus pâle , l'éruption moins prononcée, l'abattement plus grand (sangsues à l'anus , vésicatoires aux jambes). Mort le jour suivant. A l'ouverture du corps, on trouva les amygdales rouges et engorgées, la muqueuse de la partie supérieure du pharynx et celle du larynx vivement rougies ; du reste, rien dans la poitrine ni dans le ventre.

On a trouvé chez ce jeune homme les traces d'une vive inflammation dans le pharynx et le larynx ; cette inflammation suffit-elle pour expliquer la nature des symptômes et la promptitude de la mort ? je ne puis le croire. Quoi qu'il en soit, la muqueuse digestive n'avait ici nulle part évidente à la gravité de la maladie, puisqu'elle a été trouvée saine à l'ouverture du corps. De même, dans l'épidémie de varioles de 1822, que j'ai observée à l'Hôtel-Dieu, et dans laquelle la mortalité fut effrayante, je trouvais ordinairement, à l'autopsie, les altérations principales dans la muqueuse du pharynx et dans celle des voies aériennes. Un cas analogue s'était déjà offert à moi, pendant mon séjour à l'hôpital Saint-Louis : je vais le rapporter.

10. *Variole confluente grave.*

Jean-Victor Leconte, âgé de vingt ans, sapeur-pompier, entré à l'hôpital le 25 février 1819.

Ce jeune homme, soumis depuis douze jours à l'usage de la liqueur de Vanswieten, pour des chancres vénériens qu'il portait au prépuce, fut pris le 13 mars des accidens qui accompagnent ordinairement l'invasion de la petite-vérole. L'éruption se montra dès le soir du second jour, se développa rapidement, et devint confluente. Elle s'accompagna bientôt d'une tuméfaction considérable de la face, d'une vive irritation de la gorge et des voies aériennes, avec altération de la voix, salivation, etc. Les pustules passèrent à l'état croûteux au visage ; mais sur le tronc et les membres mûrirent imparfaitement pour la plupart, et se séchèrent sans former de croûtes. En même tems, le prépuce tuméfié se gangréna, malgré les débridemens qui y furent pratiqués ; la langue se sécha et brunit, les forces s'épuisèrent, et le malade, qui se plaignait fort peu, succomba le 27 mars, quinzième jour de la maladie.

AUTOPSIE. — Muqueuse pharyngée, d'un rouge foncé et gorgée de sang, devenant tont-à-coup saine et blanche à la fin du pharynx. Muqueuse du larynx, de la trachée et des bronches, épaissie, colorée en rouge foncé, couverte de mucosités liquides et blanchâtres. Muqueuse de l'estomac faiblement injectée. Le reste du tube digestif était blanc et sain, tant à l'intérieur qu'à l'extérieur.

Sans vouloir entrer ici dans la discussion de la part que devait avoir, dans la gravité de la maladie, l'inflammation de la muqueuse des voies aériennes et du pharynx, au moins est-il bien permis de croire que la muqueuse des voies digestives y était étrangère.

11. *Pleuro-pneumonie. Symptômes nerveux.*

Pessé (Jean-Baptiste), âgé de quarante-neuf ans, entré à l'Hôtel-Dieu le 24 juin 1821.

Chargeur de profession, et d'une constitution athlétique, cet homme était récemment sorti des salles de chirurgie, où une saignée du pied lui avait été faite ; il avait été pris la veille d'une douleur pleurétique, avec dyspnée, toux, crachement de sang, fièvre, céphalalgie, etc. On remarquait, outre ces symptômes propres à la pleuro-pneumonie, un état de crainte, d'excitation, de bavardage, assez singulier. Une saignée de trois palettes le soulagea notablement, mais en l'affaiblissant beaucoup. Le jour suivant, il paraissait encore plus excitable, plus agité ; il se plaignait de sa faiblesse, demandait des alimens, etc. Le pouls, assez développé, n'était ni très-fort, ni très-résistant. Cependant, une seconde saignée fut pratiquée, et vingt sangsues appliquées sur le côté ; un cataplasme émollient fut mis sur les piqûres. Le troisième jour, quatrième de la maladie, le malade se disait tout-à-fait bien portant, affirmait qu'il n'éprouvait plus autre chose qu'une extrême faiblesse, et demandait avec instance qu'on lui accordât des alimens. On avait été obligé de le fixer dans son lit avec la camisole de force, parce que le matin, s'étant levé brusquement, il avait enlevé une tartine de confitures à un paralytique couché près de lui, et l'avait dévorée. Il niait ce fait opiniâtrément, et s'indignait vivement de se voir ainsi attaché comme un insensé. Les crachats étaient épais et très-rouillés, la face colorée ; on s'en tint aux adoucissans et à la diète. Le jour suivant, quatrième de l'entrée, cinquième de la maladie, délire, agitation continuelle. (Saignée du pied, sinapismes aux jambes.) Le soir, respiration embarrassée, peau couverte de sueur ; mort au commencement de la nuit.

AUTOPSIE. — Tête. Un peu de sérosité épanchée dans la grande cavité de l'arachnoïde, les anfractuosités cérébrales et les ventricules latéraux. — Poitrine. Poumon droit adhérent de toutes parts par une cellulosité peu serrée, gorgé d'une matière purulente rougeâtre qui s'écoulait abondamment quand on déchirait son tissu, d'ailleurs ramolli, rouge et granuleux. — Ventre. Rien de remarquable dans l'estomac, ni dans les intestins, vésicule remplie d'une bile liquide et de couleur jaune orangée. Foie pâle. Rate ramollie, et contenant une sanie couleur de chocolat.

Un état nerveux bien prononcé coïncidait dans ce cas avec l'affectation locale, soit qu'il en fût ou non dépendant, et la muqueuse gastro-intestinale n'offrait aucune lésion.

12. *Symptômes graves causés par une gangrène mortelle, suite de scarifications faites aux membres inférieurs œdématiés.*

Claude Mugnier, âgé de cinquante ans, entré à l'Hôtel-Dieu le 8 octobre 1821.

Cet homme se disait incommodé depuis deux mois seulement; il avait déjà pris quelques purgatifs avant son entrée à l'hôpital, et était affecté depuis trois semaines d'un œdème assez considérable des membres inférieurs. On n'apercevait pas d'autre symptôme morbide, si ce n'est peut-être un peu de dyspnée, et la constitution générale paraissait assez bonne. L'usage interne de quelques diurétiques et l'application de deux vésicatoires aux jambes n'ayant nullement diminué l'œdème, on prescrivit des mouchetures sur les membres inférieurs. Malheureusement l'élève qui s'en charga, crut devoir faire, au lieu de simples mouchetures, des scarifications larges, profondes et rapprochées; pendant quelques jours on put espérer qu'il n'en résulterait pas d'accidens; mais bientôt, les plaies s'enflammèrent, la fièvre s'alluma, du dévoiement s'y joignit, les traits de la face s'altérèrent, de larges escharres gangréneuses se formèrent aux jambes et aux cuisses; cependant le malade ne paraissait pas souffrant et se plaignait très-peu. Mais tout-à-coup, le 20 octobre, treizième jour de l'entrée, on le trouva, dans la visite du matin, dans un état désespéré ; le pouls était misérable, la face décomposée, le malade était dans un état d'anxiété de sinistre augure ; en effet, il succomba dans la journée.

AUTOPSIE. — Poitrine. Poumons unis dans plusieurs points aux parois thorachiques par des adhérences celluleuses. — Cœur de volume à peu près naturel, mais parois du ventricule gauche sensiblement épaissies, et surtout épaississement très-marqué de la cloison des ventricules. —Ventre. Rien de remarquable. — Muqueuse digestive généralement blanche ; cryptes muqueux un peu saillans dans l'estomac ; fluide blanchâtre un peu visqueux, contenu dans les intestins.

Je joindrai à ce fait deux observations empruntées, l'une à la cliniq. médic. de MM. Lerminer et Andral (1823), l'autre à l'ouvrage de M. Devèze sur la fièvre jaune (1820). On verra encore, dans ces deux observations, des symptômes graves, mortels, et accompagnés seulement de lésions externes.

13. *Erysipèle gangréneux. —Symptômes graves.*

Un ancien militaire, âgé de trente-cinq ans, d'une forte constitution, entra à la Charité le 5 janvier 1820, pour se faire traiter d'une blennorrhagie ; elle céda aux adoucissans. Dans les premiers jours de février, cet homme éprouva de la difficulté à uriner ; à la suite de plusieurs tentatives faites pour le sonder, le prépuce et le gland s'enflammèrent ; dès-lors, mal-aise, insomnie, pouls fréquent, peau chaude. Le 29 février, prostration ; douleurs vives dans le membre thorachique droit ; début d'un érysipèle phlegmoneux dans cette partie ; langue très-sèche, encroûtée de matières jaunâtres ; ventre ballonné, diarrhée légère ; pouls très-fréquent et facilement déprimable, léger délire dans la soirée. (Tisane d'orge édulcorée, potion gommeuse, deux bouillons.)

Le 1er mars, même état général ; bras plus tuméfié. Le 2, délire continuel ; langue très-sèche, encroûtée ; deux selles liquides ; pouls faible ; phlyctènes remplies d'une sérosité jaunâtre au pli du coude ; au-dessous, taches noirâtres peu étendues ; rougeur livide de la peau. (Deux vésicatoires aux jambes, inf. de quinquina, limon. minérale.)

Le 3, mêmes symptômes ; multiplication des phlyctènes et des taches noires. (Compresses imbibées d'alcool camphré sur le membre, mêmes boissons.)

Le 4, agitation très-grande dans la nuit ; le lendemain matin, loquacité remarquable, soubresauts des tendons, langue sèche et racornie comme un morceau de parchemin. (Sinap. aux jambes.)

Pendant les journées du 5 et du 6, persistance des mêmes symptômes ; escharre de la peau du bras. Mort dans la matinée du 7.

Autopsie. — Une incision profonde faite aux tégumens du membre affecté, montra le tissu cellulaire sous-cutané gorgé de liquide séro-sanguinolent et infiltré de pus ; le tissu cellulaire inter-musculaire présentait des traînées de pus blanchâtre.

Un peu de sérosité à la base du crâne et dans le canal rachidien ; poitrine saine.

L'estomac, le duodénum et l'intestin grêle, de volume ordinaire, présentaient à l'intérieur une teinte blanche légèrement rosée ; la valvule iléo-cœcale et le cœcum étaient sains ; le reste du gros intestin offrait des taches livides en quelques endroits, notamment à l'union du colon transverse avec le descendant ; il était contracté ; rate très-volumineuse, gorgée de sang, s'avançant jusque sur le rein.

Nous ferons remarquer dans cette observation, ajoute l'auteur, l'existence des divers symptômes d'une fièvre adynamique, la sécheresse extrême de la langue en particulier, sans lésion du tube digestif qui puisse en rendre compte. Les phlyctènes, les taches noires et enfin la véritable gangrène de la peau du membre affecté, semblaient liées à l'existence d'une cause débilitante qui s'annonçait à la fois par des symptômes généraux et locaux ; les toniques étaient donc indiqués. Deux jours seulement avant la mort, des symptômes d'excitation nerveuse se manifestèrent.

14. *Fièvre grave. — Gangrène des extrémités.*

Le 27 octobre (dit M. Devèze), on apporta à l'hôpital un homme âgé de trente-huit ans, sans connaissance et presque sans pouls ; sa bouche était à demi-ouverte, ses yeux jaunes, ouverts et fixes. Je lui fis appliquer de larges vésicatoires aux jambes et des briques chaudes aux extrémités ; j'ordonnai une potion cordiale.

Le 30, le malade recouvra la parole, et me dit que sa maladie avait commencé huit jours avant son entrée à l'hôpital. Je prescrivis la décoction de quinquina, la crême de riz et la limonade nitrée. Le 2 novembre, il refusa la décoction de quina ; le mieux se soutint cependant jusqu'au cinquième jour ; mais, tout-à-coup, le pouls devint petit et concentré, les vésicatoires se séchèrent, les extrémités devinrent froides et livides. Je le remis à la décoction de quina ; je lui ordonnai une potion cordiale, et fis panser les vésicatoires avec l'onguent styrax ; la gangrène, qui avait commencé le cinquième jour, continua ses progrès ; les escharres des vésicatoires tombèrent, et le 8 la suppuration se rétablit. Le malade prenait tout ce qu'on lui donnait ; il faisait bien ses fonctions, et n'éprouvait, à ce qu'il disait, aucune douleur. Il conserva sa connaissance jusqu'au 11 ; ce jour-là, il retomba dans l'affaissement ; son pouls devint intermittent, et à peine sensible ; une odeur infecte s'exhalait de son corps ; l'air qui sortait de ses poumons était froid et puant. La déglutition devint impossible ; des soubresauts dans les tendons, des mouvemens convulsifs dans les muscles frontaux se déclarèrent, et le malade mourut le 12 au matin, après environ vingt-trois jours de maladie, et quinze de séjour à l'hôpital. L'après-midi je l'ouvris, et je trouvai du sang noir dans les sinus de la dure-mère, les poumons gangrénés, le cœur flétri, d'une consistance molle et contenant du sang noir. L'estomac et tous les viscères de l'abdomen étaient dans leur état naturel. La gangrène des extrémités inférieures s'élevait jusque vers la moitié de la jambe ; celle des mains ne dépassait pas la seconde phalange des doigts ; l'une et l'autre pénétraient jusqu'aux os.

Cette observation, dont on peut sans doute critiquer justement le mode de rédaction, présente le tableau d'une fièvre grave qui ne laissa après elle d'autre altération qu'une gangrène des extrémités. Cette gangrène était d'ailleurs bien évidemment secondaire, et effet de l'altération humorale et de la maladie générale. Il faut aussi remarquer que l'auteur connaissait fort bien les lésions dont est susceptible la muqueuse digestive, et qu'il en rapporte des exemples détaillés dans d'autres observations du même ouvrage.

Je crois ce petit nombre d'observations suffisant pour prouver que les symptômes graves ne sont point exclusivement affectés à la lésion de la membrane muqueuse des voies digestives, puisqu'on les voit exister dans des cas où cette membrane est entièrement saine ou faiblement altérée, tandis que d'autres organes sont le siége d'altérations plus ou moins étendues.

§ III.

ON NE DOIT PAS REGARDER COMME DES TRACES D'INFLAMMATION, TOUTES LES ALTÉRATIONS QUE PEUT OFFRIR LA MUQUEUSE GASTRO-INTESTINALE, A LA SUITE DES FIÈVRES DE MAUVAIS CARACTÈRE.

Qu'on était loin de penser, il y a quelques années, qu'une pareille proposition pourrait devenir le sujet

d'une discussion sérieuse ? Qui se serait jamais pu douter que, sur la simple parole d'un chef de secte, on
en viendrait à donner pour traces manifestes d'inflammation toutes les altérations, soit de couleur,
soit de texture, que peut présenter la muqueuse de
l'appareil digestif ? Ses vaisseaux sont-ils simplement
injectés ? Inflammation. Sa blancheur offre-t-elle
quelques nuances de rose ? Inflammation. Une coloration grisâtre, ardoisée, violacée, noirâtre, en
occupe-t-elle quelques points ? Inflammation. Son
tissu est-il plus mince, plus épais, plus mou, plus
ferme, etc., que d'ordinaire ? Inflammation. Y rencontre-t-on des tubercules, des engorgemens, des
ulcères, des escharres ? L'oracle infaillible l'a prononcé : inflammation !

Comme conséquence rigoureuse de ce système d'interprétation, il faudra aussi que nous regardions,
sans hésiter, comme des traces d'inflammation, les
ecchymoses scorbutiques des divers tissus, la coloration violacée qui teint la peau de la partie postérieure
du corps dans la plupart des cadavres, celle que présentent les tégumens du visage et la membrane interne des lèvres dans les maladies du cœur, la congestion qu'on rencontre si souvent, à l'ouverture des
cadavres, dans la partie postérieure des poumons,
les escharres gangréneuses de toute espèce, même
celles qui sont causées par la ligature des principaux
troncs artériels d'un membre, le développement fongueux des bourgeons pâles et mollasses, qui forment
la surface des anciens ulcères, ou même des plaies.

dans lesquelles l'usage des topiques émolliens a été trop prolongé, etc. , etc.

En effet, de deux choses l'une : ou toutes ces altérations de couleur et de texture de la peau, de la membrane buccale, du tissu cellulaire, etc. , sont, ainsi que toutes celles de la muqueuse gastro-intestinale, des traces d'inflammation ; ou, si elles n'en sont point, il faut admettre aussi dans cette membrane l'existence possible, et même probable, d'altérations de couleur et de texture, qui ne sont pas dues à un travail inflammatoire.

Si l'on veut néanmoins, à toute force, rattacher toutes ces lésions à l'inflammation, il faudra tellement généraliser cette expression, qu'elle servira à dénommer des altérations tout-à-fait disparates. On sera alors obligé de ranger sous ce titre toutes les congestions, toutes les infiltrations, tous les engorgemens scrophuleux et autres, tous les ramollissemens, toutes les ulcérations, atoniques et autres, toutes les espèces de gangrène, etc. ; j'avoue qu'une pareille classification ne peut me présenter que l'image du chaos :

Rudis , indigestaque moles.

Avant de développer davantage ces considérations, je citerai quelques faits dans lesquels la membrane muqueuse des voies digestives offre des altérations qui ne me paraissent pouvoir être rapportées , en aucune manière , à un travail inflammatoire.

15. *Scorbut. Symptômes graves.*

Renté (Pierre-Nicolas), âgé de quarante ans , chapelier, entré à l'Hôtel-Dieu le 29 septembre 1821.

Cet homme, ayant subi plusieurs traitemens anti-vénériens, par la liqueur de Vanswieten et les frictions mercurielles, était, depuis plusieurs années, sujet à des accidens qui paraissaient devoir être attribués à une affection scorbutique, comme taches violacées sur le corps, gonflement des gencives, hémorrhagies du nez et de la bouche, etc. Dans ces dernières, qui étaient très-rebelles, on avait eu recours deux fois à la saignée du bras, plusieurs fois à des applications de sangsues sur les membres inférieurs. Huit jours avant l'entrée, un épistaxis abondant était survenu, et n'avait pu être arrêté que par le tamponnement des narines. Le malade était faible, pâle et décoloré ; les gencives étaient pâles, molles et saignantes, les dents noirâtres ; de petites taches semblables à des ecchymoses étaient répandues sur divers points de la surface du corps. L'épistaxis se renouvela bientôt ; le sang coulait goutte à goutte, très-fluide, d'une couleur noirâtre peu foncée. On fut obligé, le troisième jour, de tamponner la narine gauche, par laquelle l'écoulement du sang avait lieu ; il s'arrêta ; mais celui qui s'opérait par la bouche s'accrut un peu. Au bout de huit jours, on retira du nez le tampon antérieur, qui exhalait une odeur infecte ; le postérieur tomba le surlendemain et fut retiré par la bouche. Un peu de sang coula de nouveau, puis se concréta en caillots mous et d'un gris noirâtre. Une odeur extrêmement fétide s'exhalait du nez et de la bouche, malgré tous les soins de propreté employés. Le malade fut pris de délire et d'agitation ; la faiblesse

devint extrême, le pouls était misérable, la respiration haute et fréquente. La mort survint le 23 octobre, après vingt-quatre jours de séjour à l'hôpital. On
l'attribua à la débilité générale, unie à une sorte d'as-
phyxie lente, causée par les miasmes dont l'air se
chargeait, en traversant le nez et la bouche.

AUTOPSIE.—Les pétéchies avaient disparu pendant
la vie ; les membres n'étaient ni œdématiés, ni ecchymosés ; le tissu cellulaire était assez fourni de graisse,
et les muscles assez vermeils.

Tête.—Un peu de sang extravasé sous la pie-mère,
dans un point de la surface cérébrale. Cerveau pâle
et décoloré. — Poitrine. Poumons fixés dans quelques
points par des adhérences anciennes, noirâtres, gorgés de mucosités grisâtres et noirâtres d'une odeur
pénétrante ; muqueuse des ramifications bronchiques,
grisâtre et enduite de mucosités fétides. Cœur pâle et
mou, légèrement épaissi et dilaté dans son ventricule
gauche. Surface interne des gros vaisseaux pâle et dé-
colorée. — Ventre. Muqueuse de l'estomac semée de
petites ecchymoses analogues aux pétéchies qui avaient
existé à la peau. Muqueuse de l'iléon couverte, dans
une assez grande étendue, d'une couche de sanie noirâtre sous laquelle elle conservait sa blancheur. Le
colon transverse contenait de petites masses d'excré-
mens solides colorés en rouge noirâtre.

16. *Epistaxis. Ataxie.*

Rochet (Louis-Charles), âgé de quarante ans, entré à l'Hôtel-Dieu le 10 février 1821.

Cet homme, qui se disait malade depuis huit jours, n'offrait, lors de son entrée, qu'une sorte de faiblesse morale et d'imbécillité souriante, qu'on lui eût cru naturelle. Il avait eu, durant un jour entier, un épistaxis qu'on était parvenu à arrêter, en appliquant de la glace sur le front. Le 16 février, il survint tout-à-coup une nouvelle hémorrhagie qu'on arrêta par le tamponnement des ouvertures antérieures des narines, après qu'il se fût écoulé environ trois palettes d'un sang très-fluide et très-séreux. Le lendemain, et même le matin du jour suivant, le malade paraissait fort calme et se disait bien portant; tout-à-coup, dans l'après-midi, on le trouva dans un état de prostration générale, avec pâleur de la face, respiration stertoreuse, écume à la bouche, etc., sans que l'épistaxis se fût renouvelé. Il succomba dans la soirée du même jour.

Autopsie. — Tête. Vaisseaux de la pie-mère un peu injectés; membrane pituitaire un peu rouge. — Poitrine. Cœur volumineux, dilaté et très-épaissi dans son ventricule gauche. Un peu d'écume dans le larynx et la trachée. Poumons un peu gorgés à leur partie postérieure; hépatisation circonscrite dans un point de la portion moyenne du poumon gauche qui est attaché aux parois thorachiques par des adhérences anciennes. — Ventre. Coloration grise-ardoisée de plusieurs points de l'estomac et de l'intestin grêle, aussi apparente à l'intérieur qu'à l'extérieur, et due à une sorte d'ecchymose formée sous la membrane muqueuse.

17. *Variole pétéchiale*.

Massial, âgée de vingt-un ans, entrée à l'Hôtel-Dieu, le 16 octobre 1822.

Cette jeune femme , enceinte de trois mois, était arrivée au troisième jour de l'éruption, et au quatrième seulement de la maladie. Les boutons, petits, et excessivement confluens à la face et aux membres supérieurs, étaient plus rares aux membres inférieurs. Le pouls était mou , faible et fréquent ; la gorge était vivement affectée ; une salivation continuelle existait ; des hémorrhagies répétées avaient lieu par l'anus. Les jours suivans l'éruption blanchit, mais prit très-peu de développement ; les boutons applatis et affaissés devinrent ensuite violacés, livides, et comme ecchymosés ; la malade avorta, le 19 octobre au soir, d'un fœtus qui parut âgé d'environ trois mois, et succomba dans la nuit suivante, n'ayant séjourné que trois jours à l'hôpital.

Autopsie. — Tête. Pie-mère injectée, arachnoïde un peu louche, cerveau mou. — Poitrine. Poumons très-gorgés en arrière , et adhérens dans cette même région. Muqueuse aérienne injectée et un peu livide dans les bronches et la trachée, rouge, brune et rugueuse dans l'arrière-gorge et à l'entrée du larynx, presque noire dans ce dernier organe. — Ventre. Muqueuse digestive semée de quelques pétéchies dans l'estomac, et d'un grand nombre de petites taches semblables dans le colon et le rectum, où elle est, en outre, couverte d'une couche de sang, en partie liquide, et en partie légèrement coagulé. On remarquait quelques injections vasculaires dans le commencement du gros intestin.

Si, une fois, on est forcé de reconnaître que la muqueuse gastro-intestinale peut, ainsi que tous les autres tissus, offrir des altérations de couleur et de texture, qui ne sont pas dues à un travail inflammatoire, il est évident qu'on ne pourra plus affirmer que les lésions que l'on y observe à la suite du plus grand nombre des fièvres graves, sont toujours l'indice d'une inflammation, cause de ces fièvres. Or, dans les observations que nous venons de rapporter, on a vu que le sang, en formant des congestions passives, des ecchymoses, des infiltrations, des épanchemens, pouvait altérer la couleur de cette membrane, sans qu'elle eût été atteinte d'inflammation. « .... Unde » sequitur, quum in cadaverum intestinis partem ali- » quam colore ejusmodi (è livido rubente) infectam » videmus, non continuò eò decurrendum esse, ut » inflammatione aut gangrænâ jam in viventibus ten- » tatam pronunciemus; nisi ea quæ aut obitum ante- » cesserunt, aut eam colorem in mortuis comitantur, » id nobis commonstrent; quum vel post mortem ali- » quandò possit is color induci, præsertim quum dis- » solutus sanguis et fluidus est. » (MORGAGNI. Ep. 19. T. II, p. 460, ed. Ch. et A.)

Il est sans doute bien difficile, dans une question de ce genre, de porter la conviction dans tous les esprits; car les mêmes apparences sont différemment interprétées par les diverses opinions. Mais ce serait déjà quelque chose, que de pouvoir obtenir de nos superbes adversaires la permission de douter, et de leur prouver que, si nous ne voulons pas croire à leur infaillibilité, c'est que nous avons des raisons assez solides pour persévérer dans les anciennes doctrines. La première, et sans contredit la plus puissante, est l'existence bien démontrée de fièvres graves, sans lésion apparente de la membrane gastro-intestinale. La seconde est la possibilité, et je dirais presque la nécessité, de ne pas rapporter à un travail inflammatoire toutes les altérations de couleur et de texture que peut présenter cette membrane, à la suite des maladies qui nous occupent.

Peut-être serait-il téméraire, dans l'état actuel de la science, de prétendre établir d'une manière certaine les caractères distinctifs de ces altérations, selon qu'elles sont dues à un travail inflammatoire ou à une autre cause. Dans tous les cas, une pareille distinction ne pourrait être établie que sur l'examen comparatif d'un grand nombre de faits observés avec soin par un esprit impartial et doué d'une grande sagacité. En attendant que nous possédions un pareil travail, je me bornerai à hasarder sur ce sujet quelques idées, tout incomplètes et tout insuffisantes qu'elles puissent paraître.

Les altérations que l'on observe le plus communément dans la muqueuse gastro-intestinale, à la suite des fièvres graves, sont les injections, les taches, les plaques, les éruptions, les ulcères avec ou sans escharres.

Les injections, pour constituer les traces d'une inflammation digne de remarque, doivent être nombreuses et étendues; il est ridicule d'annoncer qu'il y a eu une gastro-entérite, qui a pu donner lieu à l'ensemble des symptômes graves d'une fièvre devenue funeste, parce qu'on découvre, éparses çà et là, quelques arborisations vasculaires dans l'estomac ou l'intestin grêle. Ces injections sont-elles nombreuses, groupées par plaques distinctes, rosées ou rouges ? Il paraît naturel de les rattacher à l'existence d'une inflammation, surtout si l'on a observé pendant la vie quelques-uns des signes locaux propres à la gastrite ou à l'entérite. Sont-elles au contraire obscures, violacées, diffuses, sans autre altération des tuniques de l'intestin, et n'a-t-on observé pendant la vie qu'une suite de phénomènes généraux propres à donner l'idée d'une fièvre grave essentielle ? Elles doivent être rapportées à une congestion passive. Mais, dans bien des cas, cette distinction est beancoup moins tranchée, et il est fort difficile de décider si l'on a sous les yeux les traces d'une fluxion inflammatoire, ou d'une simple congestion opérée pendant la vie, ou même une réplétion vasculaire due aux obstacles qu'a éprouvés la circulation dans l'agonie, ou enfin un effet purement cadavérique, et analogue à celui que l'on observe sur la peau de la partie postérieure du corps de beaucoup de cadavres.

Je dirai à peu près la même chose des taches, comprenant sous ce nom toutes les altérations de couleur que peut offrir l'intestin, tant à l'extérieur qu'à l'intérieur. Sont-elles rares et légères ? Elles ne méritent que peu d'attention. Sont-elles nombreuses, rosées ou rouges ? Elles paraissent être les suites d'une phlegmasie. Sont-elles, au contraire, grisâtres, violacées, livides ? Il devient souvent fort difficile de décider si elles doivent être rapportées à une congestion passive, à un effet cadavérique, au contact des matières contenues dans l'intestin, à une espèce particulière de phlegmasie, soit récente, soit ancienne, etc.

Ce que je pourrais dire des plaques rentre dans l'examen des taches, des éruptions, des ulcères, dont elles constituent une forme particulière, en sorte que je ne ferai que les mentionner ici.

Je comprends sous le nom d'éruptions, toutes les saillies, les élevures que l'on remarque à la surface de la muqueuse digestive. Tantôt ce sont de petites granulations blanchâtres et piquetées de noir çà et là, qui sont formées par le développement des follicules muqueux ; il existe alors une véritable affection catarrhale qu'on ne doit pas confondre avec une phlegmasie véritable, franche et pure, puisque dans cet appareil organique, comme dans tous ceux où existent des membranes muqueuses, les moyens antiphlogistiques ne conviennent pas toujours pour dissiper cet état morbifique. Tantôt ce sont de petites élevures rouges qui forment comme une sorte d'exanthême spécial, qu'on doit peut-être aussi distinguer d'une phlegmasie ordinaire. Tantôt enfin ce sont des saillies de diverses formes et de diverse nature, réunies

en plaques, en végétations, en taches, etc., et qui
sont formées par des développemens vasculaires, la
tuméfaction des follicules muqueux, l'épaississement
de la muqueuse conservant sa couleur naturelle, ou
ayant acquis une rougeur plus ou moins vive, ou seulement sablée de petits points rouges, ou semée de
points noirs, etc., par des cicatrices d'ulcérations,
des ulcérations commençantes, etc. Il n'est pas toujours aisé de rattacher ces diverses lésions à une maladie déterminée. On peut y voir le résultat, tantôt
d'une phlegmasie simple, tantôt d'un travail d'ulcé-
ration, etc., etc.

Les ulcérations qui se présentent sous des formes
si variées, sont-elles toujours l'indice d'une inflammation ? C'est surtout ici que gît la difficulté principale
et celle qui se reproduit le plus souvent, puisque
c'est surtout cette espèce de lésion que l'on observe
dans la muqueuse digestive à la suite des fièvres graves. Or, il est évident, en thèse générale, que les
ulcères sont ordinairement liés à une cause interne,
à une altération particulière des humeurs ; qu'ils ne
peuvent pas être uniquement regardés comme l'effet
d'une inflammation locale simple, et que fort souvent
les moyens antiphlogistiques sont insuffisans pour les
guérir. C'est ainsi que les ulcères syphilitiques, scorbutiques, scrophuleux, dartreux, atoniques, etc.,
sont manifestement liés à une altération humorale, à
une cause interne, soit générale, soit locale, qui ne
peut être combattue que par des moyens appropriés.
Je suis fortement porté à croire que, dans beaucoup

de fièvres graves , les ulcérations qui se forment sur la membrane gastro-intestinale sont aussi le résultat d'un vice des humeurs , peut-être d'une sorte de mouvement critique analogue à celui qui donne lieu à la formation des ulcères gangréneux externes , que l'on observe aussi assez fréquemment dans ces maladies. J'ai eu récemment occasion d'observer, sur un adynamique, un mouvement critique semblable, mais qui s'est fixé sur la membrane buccale. Celle-ci devint le siége d'ulcérations aphteuses et couenneuses qui se montrèrent sur la face interne des lèvres et des joues, sur la langue, à la partie supérieure du pharynx , et qui, après s'être étendues pendant quelques jours , de manière à ce que quelques-unes présentassent une surface presque égale à celle d'un petit centime , marchèrent ensuite vers la guérison, et ne laissèrent après elles que des cicatrices minces , lisses , petites , peu apparentes. Si cette affection , qui n'est survenue qu'au déclin de la maladie , se fût aussi bien fixée sur la muqueuse digestive , et que le malade eût succombé à une rechute ou à quelqu'autre accident , on n'aurait pas manqué de reconnaître l'existence d'une gastro-entérite , et de la regarder comme la cause des symptômes adynamiques et de la mort, quoique cependant elle n'eût été que secondaire.

J'ai dit que les ulcérations dont il s'agit, offraient des apparences très-variées. En effet , tantôt elles se forment sur des plaques saillantes , sur des groupes de follicules développés; tantôt elles détruisent la muqueuse , sans que celle-ci soit épaissie ; tantôt elles

sont rougeâtres et fongueuses , tantôt elles sont blan-
ches, noirâtres, grisâtres, recouvertes d'une sorte de
détritus gangréneux, etc., etc. Il est difficile de croire
que ces diverses formes reconnaissent toutes une
cause identique, l'inflammation. Il paraît plus naturel de les rattacher à une fluxion catarrhale, à un
état gangréneux, à un travail inflammatoire, etc.,
selon que leur aspect et que la marche de la maladie
qui a causé la mort, paraissent l'indiquer.

On trouve souvent, chez les sujets qui ont succombé à des fièvres graves, les ganglions lymphati-
ques du mésentère enflammés, engorgés, suppurés,
tuberculeux, etc. ; soit que leur altération accompagne celle de la muqueuse digestive, ce qui est le plus
ordinaire ; soit qu'elle existe seule, ce qui est plus
rare. Tout le monde s'accorde à ne leur faire jouer
dans la maladie qu'un rôle secondaire. Les uns attri-
buent leur développement à l'irritation de la membrane interne de l'intestin, les autres à l'absorption
des fluides viciés qui en couvrent la surface ; d'autres
enfin pensent qu'il peut être produit par le dépôt
d'humeurs viciées qui causent ainsi une sorte d'obs-
truction. Il est probable que ces causes diverses
peuvent toutes y donner lieu, suivant les circonstances.

§ IV.

CONCLUSION DE LA PREMIÈRE PARTIE.

Appuyé sur les considérations qui précèdent, je
puis maintenant répondre à la question qui fait le su-

jet de cette première partie, en établissant les conclusions suivantes :

1° On trouve quelquefois les viscères abdominaux
parfaitement sains, à la suite des fièvres putride et
maligne;

2° Lors même que ces viscères offrent des traces
de maladie, des altérations plus ou moins étendues,
on ne doit pas toujours les attribuer à l'inflammation,
et surtout à une inflammation pure et simple, puisque ces altérations peuvent être rapportées, dans
bien des cas, soit à une simple congestion, soit à une
injection passive, soit à une affection gangréneuse,
soit à une inflammation d'une nature toute particulière, soit même à un effet purement cadavérique;

3° On doit donc poser en principe :

*Qu'il n'existe pas toujours des traces d'inflamma-
tion dans les viscères abdominaux, après les fièvres
putride et ataxique.*

DEUXIÈME PARTIE.

L'INFLAMMATION (DONT ON TROUVE DES TRACES DANS LES VISCÈRES ABDOMINAUX APRÈS LES FIÈVRES PUTRIDE ET ATAXIQUE) EST-ELLE LA CAUSE, L'EFFET OU LA COMPLICATION DE LA FIÈVRE ?

§ Ier.

CETTE INFLAMMATION EST-ELLE CAUSE ?

AYANT établi dans la première partie de ce mémoire (§ Ier) qu'il existe des fièvres graves sans lésion viscérale, j'ai indirectement prouvé que l'on ne pouvait pas regarder ces lésions comme la cause, du moins exclusive, de ces fièvres. Mais, comme il est démontré que des phénomènes analogues peuvent dépendre de causes différentes, il me reste encore à chercher si, dans le cas où ces lésions existent, on doit leur attribuer la production des symptômes adynamiques et ataxiques qui se sont manifestés pendant la vie. En effet, il ne répugnerait nullement à l'esprit d'admettre, d'une part, des fièvres graves essentielles ; de l'autre, des fièvres graves symptomatiques. On en retirerait, du moins, l'avantage de pouvoir concilier, sur certains points, les deux partis qui déchirent l'école de Paris. Mais il est bien difficile de tirer ici des faits des inductions rigoureuses, puisque, comme nous l'avons déjà fait remarquer,

chacun les interprète à sa guise, ét qu'ils ne présentent d'entièrement incontestable qu'une seule chose,
savoir : la réunion des symptômes graves et d'une
lésion viscérale. Cependant plusieurs médecins , qui
avaient d'abord adopté avec enthousiasme les idées
exclusives de M. Broussais, s'en sont peu à peu éloi-
gnés, en voyant combien elles étaient difficiles à soutenir, et pensent maintenant que la plupart des lésions locales peuvent, dans certains cas, déterminer
des symptômes adynamiques et ataxiques secondai-
res; ils se bornent à regarder les affections abdominales, et spécialement l'inflammation de la muqueuse
gastro-intestinale, à un certain degré et dans un certain état, comme plus propres à produire ces effets
que toute autre affection locale. On voit, en effet,
dans la plupart des lésions graves des divers organes,
se développer, à une certaine époque, des symptômes putrides et malins. Qui ignore, par exemple,
que la gangrène, la pustule maligne, les suppura-
tions externes ou internes, certaines pleurésies, certaines pneumomies, certaines péritonites, etc., s'accompagnent de symptômes graves, qu'il devient même
quelquefois difficile de distinguer de ceux qui forment le cortége d'une fièvre grave essentielle et simple, surtout pour un médecin qui n'est appelé que
dans les derniers tems de la maladie? Dans plusieurs
de ces cas, sans doute, on doit regarder la fièvre
comme complication; mais dans quelques autres, ne
doit-on pas y voir une forme particulière que revêt
la maladie locale, qui lui est inhérente, et qui peut

même disparaître sous l'influence des moyens propres à combattre cette dernière ? C'est ainsi que, dans quelques cas, la cautérisation ou l'ablation de la partie où siége le mal, peut faire cesser les symptômes graves qui avaient commencé à se manifester à la suite d'une pustule maligne, d'une plaie venimeuse, d'une plaie déchirée et contuse, d'une suppuration abondante établie dans un membre, etc. C'est ainsi qu'un traitement antiphlogistique convenable peut, en guérissant une péritonite, faire disparaître la faiblesse, l'altération des traits, le délire qui l'accompagnaient. C'est encore ainsi que, dans certaines circonstances, beaucoup plus rares qu'on n'a voulu le faire croire, la saignée locale, les adoucissans, la diète, en combattant avec succès une gastrite ou une entérite portées à un certain degré, amènent en même tems la disparition des symptômes d'adynamie et d'ataxie qui y étaient liés. D'après ces considérations, on pourrait donc être porté à reconnaître des fièvres graves essentielles et d'autres symptomatiques, de même qu'on reconnaît, par exemple, une fièvre inflammatoire essentielle et une autre symptomatique, telle que celle qui accompagne certaines phlegmasies cutanées, celluleuses, parenchymateuses. Le point important serait de préciser les cas où la forme adynamique est réellement une dépendance de la maladie locale, de spécifier le degré auquel doit être arrivée cette maladie pour produire ces phénomènes symptomatiques, et enfin de répondre d'une manière péremptoire aux doutes de ceux qui, répugnant à admettre une fièvre putride et maligne symptomatique, pensent que toutes les fois qu'elle est bien prononcée, elle constitue dans ces cas une véritable complication, sans nier pourtant que, dans quelques circonstances, l'affection locale n'ait pu en être la cause occasionnelle.

Mais je ne crois pas que, dans l'état actuel de la science, on puisse parvenir à ce degré de certitude et perfection. Du reste, il me paraît incontestable que, toutes les fois qu'il existe, unie à une inflammation viscérale, une fièvre putride ou maligne bien caractérisée, qu'on regarde celle-ci comme essentielle ou comme symptomatique, le traitement de la première doit être notablement modifié, et ne peut plus être ni aussi actif, ni aussi simple, que lorsqu'il s'agit d'une phlegmasie ordinaire.

§ II.

L'INFLAMMATION EST-ELLE EFFET ?

J'ai cherché à démontrer précédemment (Iʳᵉ part., § III), que toutes les lésions que l'on observe après la mort dans les viscères abdominaux, ne sont pas des traces d'inflammation ; je dois donc distinguer ici les cas où l'on reconnaît l'existence d'une véritable inflammation, de ceux où l'on croit pouvoir attribuer les lésions qu'on observe à une autre cause, ou au moins à une inflammation d'une nature toute particulière, telle que celle qui donne lieu à certains exanthèmes, à certaines ulcérations de la muqueuse intestinale, qui paraissent une dépendance de la maladie générale, comme on voit certaines phlegmasies,

certains phénomènes catarrhaux se lier constamment
à la rougeole, à la scarlatine, à la variole, etc. Dans
la première supposition, c'est-à-dire, lorsqu'il y a eu
véritablement inflammation, il répugne aux idées
modernes de la regarder comme un effet de la fièvre.
Quelques auteurs ont cependant pensé que cette inflammation pouvait en être la suite de deux manières :
soit par la fixation de l'espèce de virus, de principe
encore inconnu, de l'altération particulière des humeurs, en un mot, à laquelle ils ont attribué la production de la fièvre, ou qu'ils ont regardée comme
produite par l'état fébrile, et qui sévit particulière-
ment sur les viscères abdominaux ; soit par l'irritation
que produit le contact de matières devenues âcres et
septiques, altération que présentent souvent la bile,
l'urine, les matières fécales, dans les fièvres graves.
Je ne crois pas qu'il soit possible de révoquer en
doute ce dernier principe : quant à l'autre, la dispo-
sition actuelle des esprits le repousse ; mais il y a bien
peu de tems encore qu'il était généralement adopté,
et des expériences récentes pourraient être invoquées
à son appui. En effet on a, dans ces derniers tems,
injecté, dans les veines de plusieurs animaux, différentes espèces de pus, de substances putrides végé-
tales et animales, etc., et l'on a vu se développer
chez eux des symptômes fort analogues à ceux des
fièvres graves. Quelques-uns de ces animaux ont
échappé à la mort, à la faveur d'évacuations criti-
ques, de diarrhées fétides, d'abcès formés dans diverses parties du corps, etc. ; d'autres ont succombé.

L'ouverture du corps de ces derniers a présenté, dans quelques cas, tous les organes sains, dans d'autres, des altérations diverses de plusieurs organes, et spécialement de la muqueuse gastro-intestinale. Il est bien évident ici qu'il y a eu primitivement altération des humeurs, maladie générale, et que les affections locales n'ont été que consécutives. Rien de plus naturel que de penser que les choses se passent de même dans beaucoup de fièvres graves.

Dans les cas où l'on ne trouve point, à l'ouverture du corps, les traces d'une phlegmasie bien manifeste dans les voies digestives, mais seulement des colorations grisâtres et violacées, des injections de peu d'étendue, de légères taches, des ulcérations gangréneuses, etc., il est impossible d'affirmer qu'il n'y a point de rapport entre ces lésions et les ecchymoses, les congestions passives, les escharres gangréneuses, les ulcérations, suite de ces escharres, qu'offrent souvent les tégumens dans les mêmes maladies. On ne peut nier que la muqueuse digestive, en contact avec des matières altérées et fétides, ne soit plus exposée encore que la peau à l'inflammation, à la gangrène, aux congestions, etc. On sera donc forcé de reconnaître que ces lésions peuvent être, quelquefois du moins, regardées comme effets de la fièvre, qui imprime aux fluides et aux solides de l'économie une tendance à l'adynamie, à la décomposition, à la désorganisation. On peut d'ailleurs tirer de l'observation clinique des inductions favorables à cette manière de voir. Il y a quelques années, on voyait assez souvent dans les hôpitaux des malades atteints de fièvres putrides et malignes accompagnées de symptômes locaux propres à indiquer l'existence d'une affection gastro-intestinale, et qui cependant guérissaient très-bien par l'emploi des toniques et des cordiaux. Aujourd'hui, au contraire, on a fréquemment occasion de voir des sujets atteints de maladies analogues, qui succombent promptement sous l'influence d'un traitement antiphlogistique. On est naturellement porté à conclure de ce rapprochement, que, dans ces cas, l'affection des viscères abdominaux n'est point toujours de nature inflammatoire, ou que si tel est son caractère, du moins elle réclame souvent des moyens opposés à ceux qui conviennent dans les inflammations ordinaires (1), ce qui revient au même pour le praticien. En effet, quelles que soient d'ailleurs les idées théoriques que l'on admette, le véritable médecin, celui qu'il faut écouter de préférence, c'est celui qui guérit, et j'avoue que je ne partage pas sur ce point l'opinion du nosographe célèbre qui rejetant, comme *peu philosophique*, le problème suivant : *Une maladie étant donnée, trouver le remède*, croit devoir lui substituer celui-ci : *Une maladie étant donnée.... déterminer le rang qu'elle doit occuper dans un tableau nosologique* (Nos. phil. , introd.). Je pense donc, en dernière analyse, que certaines lésions de

______

(1) Inflammatio hæc ab acri bile solita, alterius speciei videtur et maligna esse, ac ab illâ multum differre, quam cum venæ sectionibus diluentibus, emollientibus non difficulter curemus, benignam appellare convenit. (STOLL. *Rat. med.*)

la muqueuse digestive observées chez les sujets morts
de fièvre grave, telles que les ulcérations, les taches,
peut-être même quelquefois des traces manifestes
d'inflammation, etc., peuvent souvent être consi-
dérées comme effets de la maladie générale, en ce
sens qu'elles ne sont qu'une suite de ses progrès,
qu'un effet de l'altération humorale qui la produit ou
qui en est la conséquence, que le résultat d'un mouvement critique, etc., enfin qu'elles peuvent tenir à
des circonstances locales, telles que la présence de
matières altérées et corrompues dans le tube digestif, etc. Je ne vois pas d'ailleurs comment il serait
possible de donner à des points de doctrine aussi liti-
geux et aussi délicats, une évidence telle qu'ils fussent
envisagés de même par tous les esprits. Le tems seul
peut amener ce résultat, si même il est permis d'espérer l'obtenir un jour.

§ III.

L'INFLAMMATION EST-ELLE COMPLICATION ?

Je pense que l'inflammation des viscères abdominaux, lorsqu'elle se rencontre évidemmeut dans une
fièvre grave, doit souvent être regardée comme une
complication. Mais, dira-t-on, pourquoi cette complication, si c'en est une, est-elle si commune, qu'on
ne rencontre, pour ainsi dire, jamais de fièvre grave
qui en soit parfaitement exempte dans toute sa durée?
Je conçois que, pour ceux qui regardent tout symptôme abdominal, et même tout symptôme fébrile,
comme indice d'une irritation gastro-intestinale, cette

objection doit avoir beauconp de force. Mais il y a bien peu de maladies un peu intenses et d'une certaine durée où l'on ne rencontre au moins quelques-uns de ces symptômes, tels que le mal-aise, les douleurs contusives dans les membres, l'inappétence, l'empâtement de la bouche, l'altération du goût, la formation d'un enduit sur la langue, etc. En second lieu, il est permis de penser, avec la plupart des médecins anciens et modernes, que les fonctions digestives peuvent éprouver des dérangemens qui ne sont pas dus à une inflammation, et même que la muqueuse gastro-intestinale peut offrir des lésions qui ne tiennent pas à cette cause. En sorte qu'en restreignant convenablement le nombre des cas où il y a co-existence évidente d'une fièvre grave et d'une inflammation des viscères abdominaux, ce nombre paraîtra beaucoup moins considérable qu'il ne semblait l'être au premier abord. Enfin si, malgré ces restrictions, on trouve que l'objection, quoiqu'affaiblie, n'est pas détruite, ne pourra-t-on pas y opposer celle-ci : pourquoi la scarlatine s'accompagne-t-elle constamment d'angine ; la rougeole, d'irritation des yeux, de la gorge, des bronches ? Pourquoi l'érysipèle est-il si souvent compliqué de symptômes gastriques, etc., etc. ?

On peut donc dire avec raison : 1° qu'il y a un assez grand nombre de fièvres graves où il n'existe pas réellement d'inflammation des viscères digestifs ; 2° que l'irritation de ces viscères se montre assez souvent dans d'autres maladies pour que sa fréquence dans les fièvres de mauvais caractère ne paraisse pas trop extraordinaire; 3° qu'il y a assez d'autres exemples de réunion fréquente des mêmes maladies entre elles, pour que l'esprit ne soit pas choqué de la fréquence de celle des deux affections qui nous occupent, et ne soit pas forcé d'admettre, par cette seule considération, que l'une est cause et l'autre effet.

Parmi un assez grand nombre de cas que j'ai observés, et dans lesquels je crois que l'inflammation viscérale n'a formé qu'une complication, j'en choisis deux où la chose me paraît tellement claire, que je ne puis penser qu'on se refuse à l'admettre avec moi.

18. *Fièvre grave avec entérite.*

Marie-Victoire Herbu, âgée de dix-sept ans, fille, entrée à l'Hôtel-Dieu le 3 août 1821.

Cette jeune fille, belle, grasse et lymphatique, était tombée malade huit jours auparavant, à la suite de fatigues et de travaux pénibles ; elle présentait les symptômes suivans : céphalalgie, bouche amère, langue rouge et sale, nausées, dévoiement, ventre douloureux, oppression, respiration courte et fréquente, fièvre vive, accablement remarquable. Une saignée et une application de sangsues avaient été faite en ville : on y eut de nouveau recours. Une saignée du bras fut pratiquée, des sangsues furent appliquées à plusieurs reprises, sur le ventre et à l'anus, et l'on y joignit l'usage des boissons adoucissantes, de lavemens émolliens, etc.

Cependant la malade éprouva peu de soulagement;

les symptômes, après être restés quelque tems sta-
tionnaires , s'aggravèrent ; l'état d'abattement et
d'affaissement que l'on avait déjà observé le premier
jour, devint beaucoup plus prononcé, un ulcère se
forma au siége et se couvrit d'une large escharre, un
gonflement fluxionnaire et érysipélateux envahit la joue
droite et la région sous-maxillaire ; il se couvrit bientôt
d'une large phlyctène sous laquelle parut une escharre
gangréneuse qui fit de rapides progrès. Le dévoiement
avait cessé depuis quelques jours, mais un léger délire
était survenu, et la mort paraissait proche ; en effet,
la malade qui, durant le cours de la maladie, s'était
toujours plaint très-faiblement, n'accusant qu'un peu
d'oppression et quelques nausées, succomba le 29
août, après vingt-six jours de traitement. On avait
abandonné les moyens antiphlogistiques, pour re-
courir à quelques boissons toniques, dans les derniers
jours de la maladie.

AUTOPSIE.—Tégumens doublés de graisse, muscles
assez bien nourris. Poitrine saine, poumons sans
adhérences ; cœur flasque, rougi dans ses cavités
droites par le sang, en partie liquide, qui y était
contenu. Quelques taches rosées dans l'intérieur de
l'intestin iléon dont les vaisseaux sont assez injectés.
Léger engorgement de quelques glandes du mésentère. Le gros intestin, dont la muqueuse était blanche,
contenait des matières stercorales assez dures et un
peu rougeâtres.

La mollesse de la constitution , les causes de la maladie, l'état d'affaissement qu'on y remarqua dès le

commencement, l'inefficacité des moyens antiphlogistiques énergiquement employés dès le début, la
formation d'un ulcère gangréneux au siége et d'un
charbon à la face, le peu d'étendue et de gravité des
lésions observées à l'ouverture du corps, après une
maladie aussi grave et d'une assez longue durée,
doivent nécessairement faire chercher ailleurs que
dans l'affection locale, la cause de la mort et des
principaux phénomènes de la maladie. Elle réside
tout entière dans cette altération humorale et dans
cette affection profonde des forces de la vie qui forment l'essence des fièvres graves, et qui se manifestent spécialement par le trouble des fonctions du
système nerveux et du système circulatoire.

19. *Fièvre grave avec entérite.*

Jean-Baptiste Dresselars, âgé de vingt-un ans,
Flamand, entré à l'hôpital le 27 janvier 1821. Ce
jeune homme, d'une constitution lymphatique san-
guine, était malade depuis une huitaine de jours,
éprouvant du mal de tête, de l'amertume à la bouche,
des coliques, du dévoiement, de la fièvre.

Le soir de l'entrée, pouls fréquent, peau chaude,
face assez colorée, yeux injectés, céphalalgie, ventre
douloureux à une légère pression. (Vingt sangsues à
l'anus). Soulagement notable.

Le lendemain, tous les symptômes paraissaient
diminués, calme, face tranquille, intellect sain.
(Guim., demi-lav. ém., diète). Dans la journée,
tout-à-coup, délire; le malade se croit mort, bavarde

quand on l'approche, refuse de boire; langue un peu sèche avec un léger enduit jaune-brun ; *decubitus supinus*. (Huit sangsues derrière les oreilles). On fixe le malade dans son lit avec la camisole de force.

Le jour suivant, dixième de la maladie, le malade pleure et gémit quand on lui adresse la parole, il fait signe de ne pouvoir répondre aux questions, on ne peut obtenir de lui qu'il montre sa langue; le ventre est volumineux, tendu, douloureux, le pouls fréquent. (Saignée deux pal. , vingt sangsues sur le ventre, eau de gomme , julep béchique, pour boisson). Dans la journée, légère amélioration, une selle sans dévoiement ; le délire se calme ; le sang de la saignée est pâle et séreux.

Onzième jour. Le malade est tranquille et répond assez bien aux questions qu'on lui fait, point de céphalalgie, langue humide et jaunâtre ; ventre assez souple et point douloureux. On débarrasse le malade de la camisole.

Douzième jour. Morosité, stupeur, vertiges, céphalalgie. (Vingt sangsues sur le ventre, seize sangsues derrière les oreilles, bain tiède). Le soir, visage très-coloré, yeux très-injectés, pouls fréquent, petit et faible. (Sinapism. aux pieds).

Treizième jour. Face pâle, physionomie triste et ataxique, plaintes et gémissemens, réponses brèves et difficilement obtenues, ventre tendu et volumineux, dévoiement dans le lit, pouls petit et faible, éruption de petites plaques rosées superficielles sur les cuisses et les membres supérieurs. (Cathétérisme au moyen duquel on retire de la vessie plus d'une pinte d'urine fortement colorée, trente sangsues sur le ventre, bain, sinap. aux jambes.)

Le malade, trop faible, ne put rester dans le bain. Le soir, point de paroxysme.

Quatorzième jour. Prostration, face pâle et stupescente, langue, lèvres et dents légèrement fuligineuses, exanthème pâle. (On retire encore, par la sonde, plus d'une pinte d'urine ; potion avec extr. de kina et espr. de Menderer ; neuf pil. de camphre de gr. iij ch. ; sinap. aux pieds).

Quinzième jour. Face décomposée, respiration haute, fréquente, un peu convulsive ; pouls misérable. Mort dans la journée.

Autopsie. — Tête. Léger épanchement séreux sous la pie-mère, dans les anfractuosités supérieures du cerveau ; corps striés très - pâles. — Poitrine. Adhérences filamento - celluleuses anciennes établies entre les portions costale et pulmonaire des plèvres ; poumons grisâtres, légers, mous, crépitans, gorgés de sang à leur partie postérieure ; cœur pâle, flasque, affaissé. — Ventre. Intestins affaisés, mous, flasques et presque vides, blancs extérieurement, ainsi que l'estomac, excepté vers la fin de l'iléon, où l'on remarque un peu de rougeur ; au point correspondant, quelques glandes mésentériques sont un peu engorgées et rougeâtres. Muqueuse gastro-intestinale saine dans toute son étendue, excepté dans l'espace d'environ deux pouces de la fin de l'iléon où elle est d'un rouge grisâtre. Rate ramollie et gorgée d'un sang d'un brun chocolat. Vessie remplie d'urine, muqueuse vésicale blanche.

La marche insidieuse de la maladie, la bénignité trompeuse de ses premiers symptômes, sa terminaison promptement funeste, le peu d'importance des lésions trouvées à l'ouverture du corps, l'inefficacité et peut-être même l'influence fâcheuse d'un traitement antiphlogistique très-actif, manifestent bien encore dans cette observation l'existence d'une fièvre grave, masquée d'abord par des symptômes d'entérite, qui ne peuvent être regardés que comme une complication très-secondaire de la maladie générale qui amena la mort.

§ IV.

CONCLUSION DE LA DEUXIÈME PARTIE.

Après avoir successivement examiné les trois points dont se compose la question qui fait le sujet de cette seconde partie, je crois pouvoir y répondre en établissant les conclusions suivantes :

1° L'inflammation des viscères abdominaux qui accompagne un assez grand nombre de fièvres graves, a ordinairement des caractères spéciaux qui doivent la faire distinguer de l'inflammation ordinaire, et paraît faire, pour ainsi dire, partie intégrante de la maladie, sans qu'on puisse dire positivement qu'il y a entre la maladie générale et l'affection locale relation de cause à effet et *vice versâ;*

2° Dans quelques cas cette relation peut être établie, et l'on peut regarder l'affection locale comme effet de la maladie générale, soit que l'action sur les tissus, d'humeurs viciées par le fait de celle-ci, la produise, soit qu'une sorte de mouvement critique , de dépôt morbifique , s'opère sur ces mêmes tissus ;

3° Dans d'autres circonstances , au contraire, il est peut-être permis de regarder comme un effet de l'affection locale , les symptômes généraux qui se développent, et qui donnent à la maladie la forme adynamique ou ataxique ;

4° Enfin quelquefois , lorsqu'il existe une inflammation véritable des viscères unie à une fièvre grave , la première ne doit être regardée que comme une complication ;

5° En sorte qu'en dernier résultat :

L'inflammation des viscères abdominaux dans les fièvres graves , doit être regardée, tantôt comme complication, tantôt comme effet, tantôt comme cause , suivant que les causes de la maladie, son mode de développement, sa marche , l'ordre dans lequel se manifestent les phénomènes généraux et les symptômes locaux , les rapports qui peuvent être saisis entr'eux , les effets du traitement, la nature et l'étendue des lésions locales observées après la mort, etc. , peuvent l'indiquer au médecin chargé de prononcer sur ces points si obscurs de l'histoire des fièvres.

TROISIÈME PARTIE.

CONSIDÉRATIONS PRATIQUES.

Ayant résolu, autant que mes faibles moyens m'en rendaient capable, les deux questions proposées par la Société, je pourrais me dispenser de rien ajouter à cet opuscule ; mais il me paraît naturel d'y joindre les vues pratiques qui s'y rattachent. J'ai établi en principe et comme résultat donné par l'observation, que les fièvres graves sont quelquefois exemptes de toute altération du tube digestif ; que quand celle-ci existe, elle n'est pas toujours de nature inflammatoire ; enfin que lors même qu'on croit devoir la rapporter à l'inflammation, celle-ci a le plus souvent une forme spéciale, des caractères particuliers qui empêchent qu'on ne la confonde avec l'inflammation simple, franche, ordinaire. De ces idées théoriques dérivent nécessairement des applications pratiques importantes. En effet, s'il n'y a pas toujours inflammation gastro-intestinale dans les fièvres graves, si lorsque cette inflammation existe, elle revêt souvent des caractères spéciaux, il est clair qu'on ne doit pas traiter toutes les fièvres graves par les moyens antiphlogistiques appropriés à la gastro-entérite, ou que si l'on entreprend de les traiter ainsi, on doit très-souvent ne pas les guérir : c'est en effet ce qui arrive. Dans la plupart des cas de fièvre putride et maligne bien caractérisée, le traitement antiphlogistique n'a aucune influence sur la marche de la maladie, s'il est très-modéré, ou en a une évidemment fâcheuse, s'il est actif. Dans plusieurs de ces cas, au contraire, un traitement tonique sagement administré, est évidemment utile et arrache plusieurs malades à une mort qui paraissait inévitable. Pour peu que l'on suive pendant quelque tems la pratique d'un grand hôpital, rien n'est plus facile que de vérifier ces deux assertions. Je ne chercherai point à les appuyer par des observations particulières : on en trouvera en foule dans les écrits des praticiens, tant anciens que modernes. On consultera surtout avec fruit la thèse de mon ami J. N. Pellieux, que j'ai déjà citée plus haut (p. 7, 1re part , § 1er), et qui a pour sujet le traitement des maladies qui nous occupent. Je me bornerai à donner ici l'abrégé des notes que j'ai recueillies tout récemment sur trois malades, chez lesquels les moyens toniques ont remplacé avantageusement les antiphlogistiques employés en premier lieu.

20. *Fièvre grave avec affection intestinale.*

Une petite fille âgée de six ans, d'une constitution assez chétive, alitée depuis trois jours lorsque je la vis, avait une fièvre assez vive, du dévoiement, de la sensibilité au ventre. Cinq sangsues furent appliquées à l'anus, et coulèrent très-abondamment. Des délayans furent prescrits et la diète observée. Un grand affaiblissement fut la suite de l'action des sangsues, la face était pâle, la langue sèche et brune, un état d'assoupissement adynamique alternait avec des cris, de l'agitation, le pouls était petit et fréquent, la peau sèche et chaude, des excrétions alvines noirâtres et fétides s'établirent ; je me hâtai de prescrire le sulfate de quinine dissous dans une potion aromatique, une boisson légèrement tonique, des vésicatoires aux cuisses. Une amélioration prompte et remarquable suivit l'emploi de ces moyens ; des ulcérations aphteuses se formèrent sur la muqueuse du palais, au déclin de la maladie ; la convalescence était décidée vers le vingtième jour. Depuis, la santé s'est parfaitement rétablie, et il n'y a pas eu de rechute.

21. *Fièvre grave avec symptômes cérébraux et abdominaux.*

Un petit garçon âgé de cinq ans, d'une intelligence précoce, d'une vivacité remarquable, avait commencé à être incommodé depuis une quinzaine environ, et était malade depuis trois jours, lorsque je le vis pour la première fois, le 6 septembre 1823. Les symptômes les plus remarquables étaient : une fièvre vive, de la céphalalgie, un état d'assoupissement alternant avec un léger délire, qui n'empêchait pas le petit malade de répondre à quelques questions, de la tension et de la sensibilité au ventre, de légers vomissemens glaireux, un peu de dévoiement. Quatre sangsues appliquées derrière les oreilles, ayant produit de l'amendement dans les phénomènes cérébraux, on en appliqua quatre autres sur le ventre le lendemain.

Ces dernières donnèrent lieu à un écoulement de sang très-considérable, et que l'on ne parvint à arrêter qu'avec beaucoup de peine, à cause de l'agitation, des cris, des mouvemens nerveux du malade. Le jour suivant, il était tombé dans un état d'affaissement inquiétant ; la face était d'une pâleur extrême, le pouls faible et très-fréquent. Cependant, comme le ventre paraissait moins sensible, que l'état général était assez calme, on espéra que les forces ne tarderaient pas à se relever, et l'on continua le régime antiphlogistique. Mais bientôt l'abattement devint plus marqué, le délire et l'agitation nerveuse reparurent, la langue se sécha et brunit, le dévoiement persistant, la face restant très-pâle, le pouls faible et fréquent, la peau sèche et chaude. Le traitement fut alors totalement changé : des vésicatoires furent appliqués aux membres inférieurs, le sulfate de quinine fut administré à l'intérieur dans une potion aromatique, des boissons légèrement vineuses furent prescrites, etc. L'influence salutaire de ces nouveaux moyens ne tarda pas à se faire sentir : peu à peu les forces se relevèrent, la fièvre cessa presqu'entièrement, la langue et les dents se nettoyèrent, le dévoiement s'arrêta, l'urine fournit un dépôt sédimenteux, l'intelligence commença à se rétablir, quoiqu'il restât encore un peu de stupeur ; enfin la convalescence semblait se décider tout-à-fait. Mais alors on s'aperçut que les doigs restaient dans un état de roideur et de semi-extension permanente, et l'on craignit qu'il ne survînt des convulsions.

L'événement ne tarda pas à confirmer ces craintes. Le soir du 28 septembre, vingt-deuxième jour du traitement, il survint tout-à-coup un état convulsif violent occupant spécialement les muscles de la face, du cou et de la poitrine; et, malgré les secours le plus promptement administrés, l'enfant succomba dans la même nuit. On ne put en faire l'ouverture.

Quoique, dans ce dernier cas, la maladie ait eu une issue funeste, il n'en est pas moins vrai que le traitement tonique a eu des effets évidemment utiles, et je crois fermement qu'il eût pu amener la guérison, si le petit malade n'avait pas été auparavant épuisé par une hémorragie qui l'avait laissé dans un état de faiblesse et de susceptibilité nerveuse tel que, bien qu'arrivé à la période de convalescence, il ne put résister à une attaque de convulsions un peu forte. L'autopsie n'ayant pas été faite, je ne me permettrai pas de rechercher quelles altérations les viscères ont pu éprouver dans ce cas; mais j'insisterai sur le rapprochement que l'on peut établir entre ce fait et le précédent. Deux enfans, à peu près du même âge, sont atteints d'une maladie aiguë, qui débute avec l'apparence d'une gastro-entérite; chez tous deux, l'application des sangsues est suivie de la manifestation de symptômes graves; chez tous deux, ces symptômes sont avantageusement combattus par les toniques.

22. *Gastro-entérite. Adynamic.*

Un homme âgé de soixante ans, brun, poilu, d'une

constitution assez robuste , d'un tempérament bi-
lieux, quoiqu'assez gras, sujet aux coliques et au dévoiement depuis un grand nombre d'années, tomba
malade au commencement du mois d'avril 1824. Un
dévoiement léger d'abord , puis considérable , des coliques sourdes, des nausées, quelques vomissemens ,
une soif vive le tourmentèrent, et bientôt il tomba
dans un état de faiblesse et d'abattement remarquable. Depuis l'invasion de la maladie , il avait continué
à prendre un peu de nourriture, et à boire un peu
de vin pour soutenir ses forces. Je le vis , pour la
première fois, le 15 avril ; il était dans l'état suivant :

Decubitus supinus, physionomie triste , yeux jaunâtres , langue sèche , rouge , couverte d'un enduit
brun à son centre, ventre volumineux et gazeux, sensible à la pression dans la région épigastrique et dans
ses régions inférieures, pouls petit et faible sans fréquence. La peau des mains placées hors du lit était
froide ; le malade paraissait abattu et accablé. J'a-
voue que, malgré les symptômes d'adynamie qui
existaient, je crus devoir attaquer la gastro-entérite ,
que j'accusais de leur production. Toutefois, redou-
tant les effets d'un traitement antiphlogistique actif,
je voulus essayer l'état des forces du malade, et je
me bornai à prescrire quatre sangsues sur l'épigastre,
un cataplasme émollient après leur chute , des quarts
de lavement à l'eau de guimauve et de pavot, une
tisane de riz gommée, et une diète absolue. Les
sangsues coulèrent assez abondamment. Le lendemain, il paraissait y avoir de l'amélioration ; la lan-

gue était plus humide et moins rouge, le dévoiement avait beaucoup diminué, le mal-aise général était moindre, mais le pouls ni les forces ne s'étaient en aucune façon relevés. On eut l'imprudence de laisser entrevoir au malade la gravité de son état ; il en fut vivement effrayé, et, la nuit suivante, il eut de l'agitation et du délire. A ma visite du matin, je le trouvai dans un état de faiblesse et de découragement extrême ; le pouls était misérable, la langue humide et sale, le dévoiement était augmenté. Combien je me félicitai alors de n'avoir accordé que quatre sangsues à mes idées d'adynamie symptomatique ! Me hâtant de rentrer dans la voie du salut, je fis appliquer sur-le-champ deux vésicatoires aux jambes ; je prescrivis le sulfate de quinine dissous dans une potion aromatique ; je fis faire des onctions sur le ventre avec l'huile de camomille camphrée. En même tems, je m'efforçai de relever le moral du malade par les encouragemens convenables. Une amélioration subite et considérable suivit ce nouveau mode de traitement. Le pouls et les forces se relevèrent, le dévoiement s'arrêta, et l'espoir commença à renaître dans le cœur du malade et du médecin. De petites ulcérations aphteuses, grisâtres, se montrèrent alors sur divers points de la membrane interne de la bouche, sur la langue, sur le voile du palais, et à la partie supérieure du pharynx. Elle s'agrandirent les jours suivans, et devinrent vivement douloureuses. Je fis alors cesser la potion tonique ; je prescrivis un gargarisme adoucissant, et je ne permis que du laitage pour aliment ; mais on fut bientôt obligé d'y renoncer, parce qu'il se digéra mal et ramena le dévoiement.

La convalescence était décidée le 1er mai, au bout d'environ quinze jours de traitement ; mais il restait une grande faiblesse.

Ces trois observations (1) m'ont paru propres à

---

(1) Je ne crois pas hors de propos de citer ici une observation intéressante, extraite de l'excellente dissertation de M. le professeur Fizeau, sur les fièvres intermittentes. On y voit les causes et tous les symptômes de la gastrite des modernes ; un accès de fièvre survient et les dissipe ; le quinquina est ensuite employé avec succès contre la fièvre.

23. *Fièvre tierce terminant une hypocondrie, et guérie sans accident après le second accès.*

« Un employé aux douanes, âgé d'environ trente-deux ans, d'une habitude de corps sèche et maigre, ayant le teint pâle, les cheveux noirs et plats, sujet aux excès de vin, et d'un caractère sombre et mélancolique, eut, au mois de nivôse an IX, une indigestion, à la suite de laquelle l'estomac devint languissant et fit mal ses fonctions. Comme la langue était un peu chargée, un droguiste lui fit prendre beaucoup de purgatifs : bientôt le malade ne put plus digérer ; la région de l'estomac était tendue et douloureuse ; il éprouvait, avant de manger, un resserrement spasmodique de l'œsophage, ce qui lui causait une espèce de strangulation ; il rendait beaucoup de vents par la bouche ; il croyait avoir le ver solitaire, c'est pourquoi le droguiste lui donnait chaque jour des vermifuges nouveaux, qui ne faisaient que le fatiguer.

» Enfin, il consulta un de mes amis, qui lui ordonna de prendre, au moment de chaque accès de spasme, un petit morceau de sucre trempé dans la liqueur d'Hoffmann, et de boire avant son dîner une forte cuillerée de vin de Malaga ; pour aliment du pain blanc bien cuit, des viandes légères bien rôties, et pour boissons du bon vin rouge avec de l'eau.

prouver que les toniques pouvaient être employés
avec avantage dans les cas d'adynamie et d'ataxie,
même lorsqu'il existait des signes certains d'affection
gastro-intestinale, et que, dans ces cas, le traitement
antiphlogistique, et surtout les déplétions sanguines,
pouvaient amener de fâcheux résultats.

Cette vérité deviendrait bien plus frappante encore, si, au lieu de traiter seulement des fièvres graves continues, j'avais eu à m'occuper aussi des fièvres
graves intermittentes. C'est surtout dans ces maladies que les succès des toniques, et spécialement du
quinquina, est véritablement prodigieux. Quoique ce
soit, j'en conviens, sortir un peu du plan que je m'é-
tais tracé, je ne crois cependant pas tout-à-fait inutile d'ajouter ici les considérations que j'ai eu occa-

---

» Au bout de huit jours de ce régime, le malade était beaucoup mieux ;
il fut pris d'un accès de fièvre tierce ; dès le lendemain cessation complète de tous les symptômes d'hypocondrie ; le jour suivant l'accès re-
vint comme le premier. Immédiatement après sa terminaison on commença à donner un gros de quinquina de quatre heures en quatre
heures : la fièvre n'a plus reparu. On continua à donner encore pendant quelques jours, matin et soir, un demi-gros de quinquina ; la
guérison a été complète, et le malade n'a éprouvé ensuite aucun
trouble dans la digestion, ni aucune douleur d'estomac.

» La cessation subite des symptômes d'hypocondrie, ajoute M. Fizeau, dès l'apparition de la fièvre, devait bien, ce me semble, faire
considérer celle-ci comme une crise, et la faire respecter comme telle ;
cependant elle a été attaquée et guérie sans aucun accident : ne serait-ce
point parce que le quinquina était également indiqué comme puissant
tonique contre les symptômes de l'hypocondrie, dont il aura prévenu le
retour en soutenant les forces des organes digestifs ? »

sion de présenter à ce sujet dans une circonstance solennelle (1).

« De quelle manière agit le quinquina pour guérir la fièvre ? Nous l'ignorons entièrement. Son action spécifique nous est aussi inconnue que celle des autres spécifiques, du mercure qui guérit la syphilis, du soufre qui guérit la gale , etc. Tout ce que nous savons, c'est que le quinquina est un tonique puissant, qu'il fortifie sans irriter, et qu'il paraît très-bien approprié aux traitement de fièvres qui reconnaissent des causes débilitantes, qui offrent des symptômes nerveux et ataxiques, et dont plusieurs espèces sont marquées par une prostration effrayante. Mais comment se fait-il que son action soit aussi subite que le danger de la maladie est prompt ? Comment est-elle si constante et si précise, qu'après son administration le médecin est rigoureusement sûr des effets qui vont en résulter ? Comment surtout le même moyen qui, donné dans l'intermission ou la rémission, a un succès infaillible, présente-t-il moins d'avantage, et peut-il même devenir nuisible dans les paroxysmes, et ne combat-il avec succès la maladie, pour ainsi dire, que dans les tems où elle ne se manifeste pas ? Toutes ces questions et une foule d'autres que l'on pourrait accumuler, ne peuvent, dans l'état actuel de la science, recevoir de réponses pleinement satisfaisantes ; mais elles nous condui-

---

(1) Concours pour l'aggrégation à la Faculté de Médecine de Paris, 1823. Leçon publique sur les fièvres intermittentes pernicieuses.

sent naturellement à l'examen de la nature de la maladie qui nous occupe, et de l'ordre pathologique auquel on doit la rapporter.

» Il serait long et superflu de rapporter ici les diverses théories à l'aide desquelles on a cru pouvoir se rendre compte des phénomènes des fièvres, et en particulier des fièvres pernicieuses, depuis les tems anciens jusqu'à nos jours. Je ne veux m'occuper, pour le moment, que de celle qu'a voulu établir la secte médicale récemment décorée du nom de *physiologique*. Comment concevoir, avec le fondateur de cette secte, l'existence d'une irritation viscérale, assez grave pour donner lieu à des phénomènes promptement mortels, assez légère, en même tems, pour paraître et disparaître successivement à de très-courts intervalles; assez spéciale enfin pour céder à l'empire d'un médicament tonique particulier, qui serait nuisible dans une irritation viscérale ordinaire, et pour ne céder certainement qu'à lui? C'est pourtant cette théorie, vingt fois plus obscure que les explications les plus subtiles des auteurs anciens qu'elle fronde, que l'on vient offrir à notre admiration, et que l'on nous presse d'accueillir avec enthousiasme!

» Les fièvres intermittentes et rémittentes, dit
» M. Broussais, sont des gastro-entérites qui cessent
» et se reproduisent périodiquement; chaque accès
» est le signal d'une gastro-entérite qui se juge par
» une métastase sur la peau. — Si l'estomac est en-
» flammé au début de l'accès, comme la peau l'est
» à son déclin, c'est une inflammation dont il ne faut

» pas s'étonner qu'on ait méconnu l'existence, car
» les meilleurs yeux ne sauraient l'apercevoir. »
(Examen.)

» Qu'on nomme *physiologiques*, si l'on veut, de pareilles propositions, je ne puis y voir que des hypo-
thèses gratuites et inadmissibles. Qu'est-ce qu'une
inflammation de l'estomac que les meilleurs yeux ne
peuvent apercevoir? Qu'est-ce qu'une inflammation
de la peau caractérisée seulement par de la chaleur et
de la sueur? Qu'est-ce qu'une gastro-entérite, qui se
juge par métastase sur la peau, et qui se reproduit
périodiquement à des époques réglées après s'être
jugée? Comment une inflammation viscérale peut-elle
être regardée comme l'essence d'une maladie, dont les
phénomènes mortels sont une léthargie, une syncope,
un refroidissement extrême, une prostration effrayante, une sueur abondante, etc., dont le traitement a pour base les toniques et les excitans les plus
actifs, et qui souvent ne laisse point après elle de
lésions remarquables à l'ouverture du corps? Depuis
quand a-t-on découvert dans les toniques et les excitans la propriété, non-seulement de guérir et de guérir seuls, mais encore de prévenir les irritations viscérales? Comment, après une pareille prérogative
attribuée au quinquina, a-t-on pu ensuite l'accuser
dans d'autres circonstances, non-seulement d'exaspé-
rer, mais même de déterminer seul les irritations viscérales, et de produire ainsi, dans les fièvres putrides
et malignes, ces phénomènes graves qu'il prévient et
guérit si bien dans les fièvres pernicieuses? Les disci-

ples du réformateur n'ont pas tardé.à sentir combien
de pareilles assertions étaient insoutenables, et plusieurs d'entr'eux ont cherché à les modifier et à les
corriger de diverses manières; mais leurs efforts sont
vains, ces maladies feront toujours leur désespoir, et
tôt ou tard ils seront obligés de reconnaître que,
quoiqu'ils en disent, on ne peut pas expliquer tous
les phénomènes pathologiques par une seule cause,
l'irritation, de même qu'on ne peut pas les combattre
tous par un seul ordre de moyens, les antiphlogistiques.

» Pour nous, sans chercher à expliquer ce qui est
inexplicable, nous reconnaissons comme un fait avéré
l'existence de maladies caractérisées par des symptômes
généraux (spécialement nerveux et circulatoires) sans
altérations locales qui en soient les causes, et nous
les appelons avec les auteurs de tous les tems et de tous
les pays, *fièvres*. Nous les divisons en deux grandes
classes primordiales, suivant qu'elles sont continues
ou intermittentes. Dans ces dernières, nous formons
un groupe particulier de ces maladies caractérisées
par des causes débilitantes et délétères, une marche
rapide et insidieuse, une tendance funeste, une forme
grave, particulière à chaque espèce, que nous avons
nommées fièvres pernicieuses; et nous rendons grâces
au ciel d'avoir pour les combattre un médicament
héroïque dont le succès est assuré, et ne s'est jamais
démenti. »

Je regarde comme impossible que la vogue de la
médecine dite physiologique se soutienne; tôt ou

tard, on en reviendra à cette médecine sage, prudente, expectante, qui, sans idées préconçues, observe avec soin, agit avec lenteur, s'abstient quand il le faut, sait selon le cas employer des méthodes différentes, mais préfère en général le sentier battu aux routes nouvellement frayées (1). Il restera toujours à M. Broussais la gloire d'avoir tiré de leur engourdissement les médecins routiniers, d'avoir fixé l'attention des praticiens sur les affections variées des principaux viscères de l'économie, d'avoir appelé leurs regards sur les effets que produisent les médicamens sur les organes qui les recoivent, d'avoir ranimé leur zèle pour les observations détaillées et l'examen minutieux des cadavres ; enfin, d'avoir donné à tous les esprits une impulsion telle, que du choc des opinions jaillira plus vive et plus pure la lumière de la vérité, autant du moins qu'il est permis aux yeux des mortels de l'apercevoir.....

Mundum tradidit disputationi eorum. (Lib. Eccles.)

---

(1) « Je ne suis pas du nombre de ceux qui prétendent suivre exclusivement les principes des Grecs et des autres médecins de l'antiquité ; car je sais très-bien que les modernes ont fait beaucoup de découvertes précieuses pour la science, et utiles au bonheur du genre humain : je me sers volontiers de ces dernières lorsque les circonstances l'exigent ; mais je n'en persiste pas moins à croire que, dans un art tel que le nôtre, toute innovation est dangereuse, et qu'on ne doit pas rejeter sans une grande circonspection ce que les anciens nous enseignent avec clarté et précision. »

(J.-B. SYLVATIC. *Controvers. Med.* 61. p. 278. — In-fol. Françof. 1601.)

FIN.

www.ingramcontent.com/pod-product-compliance
Ingram Content Group UK Ltd.
Pitfield, Milton Keynes, MK11 3LW, UK
UKHW020949140726
13695UKWH00003B/1307